Wissenschaftliches Zeichnen in der Biologie
und verwandten Disziplinen

Klaus Honomichl • Helmut Risler
Rainer Rupprecht

Wissenschaftliches Zeichnen in der Biologie und verwandten Disziplinen

Klaus Honomichl
Stadecken-Elsheim, Deutschland

Rainer Rupprecht
Mainz, Deutschland

Helmut Risler
St. Augustin, Deutschland

ISBN 978-3-642-39397-6
DOI 10.1007/978-3-642-39398-3

ISBN 978-3-642-39398-3 (eBook)

Die Deutsche Nationalbibliothek verzeichnet diese Publikation in der Deutschen Nationalbibliografie; detaillierte bibliografische Daten sind im Internet über http://dnb.d-nb.de abrufbar.

Springer Spektrum
© Springer Berlin Heidelberg 1982. Unveränderter Nachdruck 2013

Gedruckt auf säurefreiem und chlorfrei gebleichtem Papier

Springer Spektrum ist eine Marke von Springer DE. Springer DE ist Teil der Fachverlagsgruppe Springer Science+Business Media.
www.springer-spektrum.de

Vorwort

Trotz aller Fortschritte auf dem Gebiet der Fotografie bleiben die manuelle bildliche Darstellung und die Grafik unverändert von Bedeutung. Meßergebnisse müssen zusammengefaßt werden, morphologische Befunde bedürfen nach vergleichender und abstrahierender Verarbeitung einer generalisierenden Darstellung, mikroskopische Beobachtungen sind fotografisch häufig nur schwer und unvollständig wiederzugeben. Darüber hinaus bietet das Zeichnen die Möglichkeit, Gegenstände dadurch besser kennenzulernen, daß man ihre Struktur genau beobachten muß, wobei man selber das Ergebnis ständig kritisch überprüfen kann.

Ziel der hier vorgelegten «Übungen» ist es, Methoden aufzuzeigen und einzuüben, die es jedem Interessierten möglich machen, eigenhändig für die Vervielfältigung, den Druck oder für Diapositive geeignete Vorlagen herzustellen. Häufig besteht in dieser Hinsicht eine Scheu infolge der Auffassung, man sei «künstlerisch ungeeignet» oder «unbegabt». Um Kunst geht es hier nicht.

Nach langjähriger Erfahrung in Kursen für wissenschaftliches Zeichnen haben wir die Überzeugung gewonnen, daß eine solche Scheu ungerechtfertigt ist. Die Kenntnis der Arbeitsmaterialien und eine kleine Einführung in die praktischen Möglichkeiten führten oft auch ohne größere Übung zu veröffentlichungswürdigen Darstellungen (z.B. Farbbild 4, S. 29).

Das Buch ist aus einem erprobten Kursprogramm entstanden, über das wir nur an wenigen Stellen hinausgegangen sind. Die Übungen sind so konzipiert, daß ein Leser mit dem Text eine ausreichende Anleitung erfährt, selbständig zu arbeiten. Auf häufig vorkommende Fehler ist jeweils hingewiesen.

Unser Ziel ist es also, Anregungen und Hilfen zu geben. An erprobten Beispielen werden die möglichen Zeichentechniken von der Bleistiftzeichnung über die Arbeit mit Feder und Tusche bis hin zum Umgang mit Pinsel und Farbe abgehandelt. Wichtig erschien uns ferner die konstruktive Darstellung räumlicher Objekte. Darüber hinaus werden Hilfsmittel wie z.B. Rasterfolien oder Anreibebuchstaben für die Beschriftung von Abbildungen vorgestellt. Auch die Vorbereitung fotografischer Aufnahmen für den Druck und ihre Beschriftung werden erklärt.

Natürlich gab es schon früher entsprechende Zeichenanleitungen (z.B. Kuhl 1949 und Bělař 1928). Sie stehen im Handel nicht zur Verfügung, sofern sie sich auf die von uns angesprochenen Wissenschaften beziehen. Angesichts der neueren Entwicklung der Hilfsmittel erschien es den Autoren daher nützlich, die Herausgabe einer neuen Anleitung zur wissenschaftlichen Darstellung zu wagen. Sie hoffen, damit Anregungen zu geben und jedem Interessenten zu helfen, druckfertige Vorlagen herzustellen.

Die Methoden sind allgemein auf die Darstellung von Naturobjekten übertragbar und eignen sich damit für Arbeiten auf den Gebieten der Medizin, der Biologie und verwandten Gebieten. Diese Anleitung zum Zeichnen soll Autoren, Studenten und auch Oberstufenschülern eine Anregung zu eigenem Tun geben, und wir hoffen, daß sie bei manchem dazu führt, eigene Freude an bildlicher Darstellung zu entdecken.

Mainz, im August 1982

K. Honomichl
H. Risler
R. Rupprecht

Inhalt

A. Zeichengeräte und Materialien

Im folgenden sind alle diejenigen Hilfsmittel und Geräte zusammengestellt, die allgemeine Verwendung finden. Soweit Materialien für einen speziellen Einsatzbereich vorgesehen sind, werden sie in den entsprechenden Übungen vorgestellt.

Für alle Darstellungen nehmen wir einen *Zeichenkarton* mittlerer Dicke mit glatter Oberfläche (ca. 200 g/m²).

Als *Zeichenunterlage* dient – sofern ein Tisch nicht ausreicht – ein schräggestelltes Zeichenbrett (Reißbrett), z.B. aus beschichtetem Weichholz von 50:70 cm Größe. Man benötigt es insbesondere dann, wenn der Zeichenkarton festgelegt werden muß, z.B. bei der Arbeit mit Wasserfarben oder bei perspektivischen Darstellungen. Seit einiger Zeit gibt es ferner bei verschiedenen Firmen sehr praktische Zeichenplatten aus Kunststoff zu kaufen. Sie verfügen über Klemmen zur Blattarretierung sowie Laufrillen am Rand, in denen eine Zeichenmaschine geführt werden kann (Abb. 1 a).

Für Entwürfe und Bleistiftzeichnungen benutzt man *Bleistifte* (Graphit) verschiedener Härtegrade. Mit weichem Bleistift (B bis 6B) erzielt man dunkle, breite Linien und bei der Schraffur tiefschwarze Flächen (Achtung: ständiges Nachspitzen ist hier erforderlich!). Harte Bleistifte (H bis 6H) eignen sich für sehr feine Linien, die wenig hervortreten, und für hell gehaltene Schraffurflächen. Befinden sich auf den Bleistiften Zahlen, dann bedeutet 1 weich, 2 mittelhart und 3 hart. Entwürfe entstehen mit mittleren Härtegraden (z.B. HB oder F).

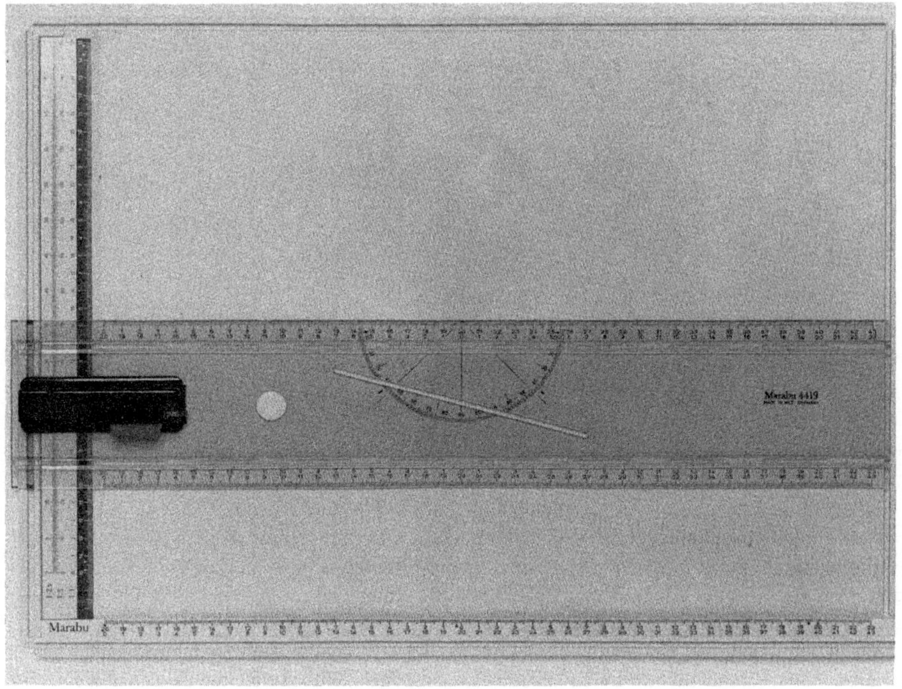

a

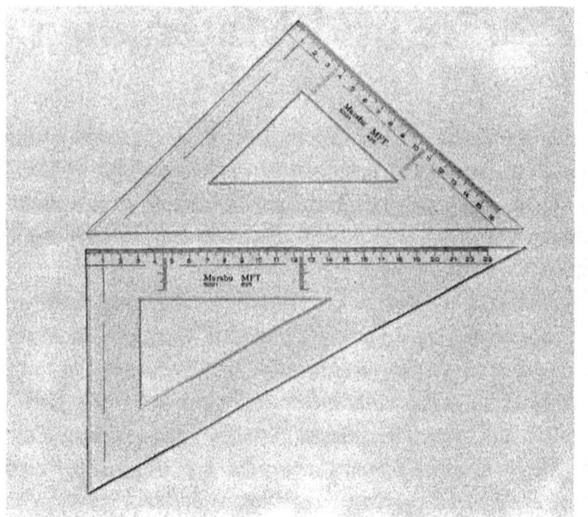

Abb. 1: a Zeichenplatte. b Zeichendreiecke. (Mit freundlicher Genehmigung der Marabuwerke, 7146 Tamm)

Den *Radiergummi* muß man so wählen, daß er sowohl weiche als auch harte Bleistiftstriche entfernt. Je weicher das Papier ist, um so weicher muß der Gummi sein.

Bleistiftzeichnungen werden (ebenso wie Kohlezeichnungen oder Darstellungen mit Wasserfarben) mit *Fixativ* überzogen (Flasche und Fixativspritze oder Spraydose), um ein Abreiben oder Verschmieren zu verhindern.

Für die Herstellung von Tuschezeichnungen verwenden wir je nach Zweck *Zeichenfedern* bzw. Ornament-(Redis-)Federn (Abb. 2) oder Pinsel. Feine Zeichenfedern ver-

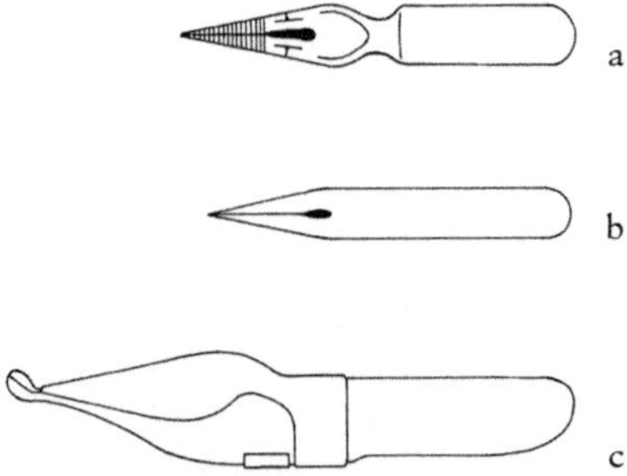

Abb. 2: a weiche Zeichenfeder, b harte Zeichenfeder, c Ornamentfeder.

schiedener Härte ermöglichen eine variable Strichführung. Für die Ausführung gleichmäßig dicker Striche oder Punkte nimmt man Ornamentfedern. Die Dicke des Strichs oder Punkts wird durch die Breite der abgeplatteten Spitze bestimmt. Wichtig für die Ausführung ist der durch einen Aufsatz mögliche Tuschevorrat.

Sehr praktisch sind *Tuschefüller* (Abb. 3), die von verschiedenen Firmen angeboten werden. Hier bestimmt der Außendurchmesser eines Röhrchens, durch das die Tusche

Abb. 3: Tuschefüller.

austritt, die Dicke des Strichs. Der Füller muß senkrecht aufgesetzt werden und langsam, dabei aber möglichst gleichmäßig über das Papier geführt werden.

Arbeitet man mit der Feder, dann eignen sich rasch trocknende *Tuschen* (z.B. Scribtol von Pelikan). Benutzt man eine Ornamentfeder oder einen Tuschefüller, so sollte man leichter fließende Tuschen verwenden. Sie trocknen langsamer und verstopfen infolgedessen das Schreibgerät nicht so leicht. Die Hersteller von Tuschefüllern bieten entsprechende Qualitäten an. Das schnelle oder langsamere Trocknen ist natürlich beim Arbeiten zu berücksichtigen.

Als *Lineale* wählen wir zwei größere, rechtwinklige Zeichendreiecke mit Tuschekante, am besten ein gleichschenkliges und eines mit Winkeln von 30° und 60° (Abb. 1 b). Daneben ist ein biegsames Kurvenlineal von Vorteil. Mit ihm kann man beliebig gekrümmte Konturen mit großen Krümmungsradien sicher auszeichnen. Kurven mit kleinem Krümmungsradius sind nur mit Hilfe von entsprechenden *Schablonen* exakt zu zeichnen. Im Handel ist eine Vielzahl von verschiedenen Formen erhältlich.

Schablonen gibt es auch für Zahlen, Buchstaben und die verschiedensten Symbole in der jeweils gewünschten Größe (vgl. Beschriftung von Bildtafeln, Übung 10). Für ihre Benutzung eignen sich vor allem Tuschefüller.

In Tuschezeichnungen werden Fehler entweder mit leicht verdünntem *Deckweiß* überdeckt oder aber mit einem scharfen Messer (Radiermesser, Rasierklinge o.ä.) entfernt. Der Abrieb muß so entfernt werden, daß die Zeichenfläche nicht verschmutzt (Fett!). Hierzu nimmt man einen Tischbesen, weiche Lappen o.ä.

Bei der Darstellung mit Wasserfarben oder beim Aufbringen von Tusche auf eine größere Fläche benutzen wir *Pinsel*. Man wählt Aquarellpinsel mit Naturhaaren, z.B. Marder- oder Feh-Haaren. Für größere Flächen und für das Anmischen der Farben eignen sich dicke Pinsel (etwa Größe 5 bis 6), für feinere Strukturen nimmt man entsprechend dünnere Pinsel (Größe 1 bis 3).

Neben einem Wasserglas benötigen wir für die Farbanmischung eine Reihe kleiner *Schälchen* (mindestens 4 mit einem Durchmesser von ca. 5 cm). Hierfür sind im Handel angebotene weiße Farbschalen aus Steingut oder Porzellan geeignet.

In der 5. Übung arbeiten wir mit *Wasserfarben*. Aquarellfarben ergeben auf weißem Untergrund klare Farben. Die Arbeit mit ihnen setzt jedoch eine genaue Planung des Vorgehens voraus. Schichtet man die Farben übereinander, so scheint der Untergrund jeweils durch. Mischfarben sind die Folge. Leichter ist die Anwendung von Deckfarben, z.B. von Plakafarben oder Entwurfsfarben (Gouache). Für die Anmischung der gewünschten Farbtöne nehmen wir – wie auch im Vierfarbdruck (Kap. C) – die drei Grundfarben rot, gelb und blau (Farbbilder 1 u. 3), ferner schwarz und weiß. Die Farben werden in Tuben oder Gläsern angeboten.

Für das Durchpausen von Vorlagen (Fotografien, Entwürfe usw.) ist ein *Durchzeichenpult* sehr nützlich. Nur zur Not kann man die Zeichnung auch an das Zimmerfenster halten. Wenn man ein Pult selbst herstellen will, paßt man in die Oberseite eines einfachen Holzkastens (ca. 35 : 50 : 10 cm) eine Mattglasscheibe ein. Zwei Leuchtstoffröhren sorgen für ausreichende Beleuchtung von unten. Um Überhitzung zu vermeiden, läßt man in den Seitenwänden einige Löcher offen (Abb. 4).

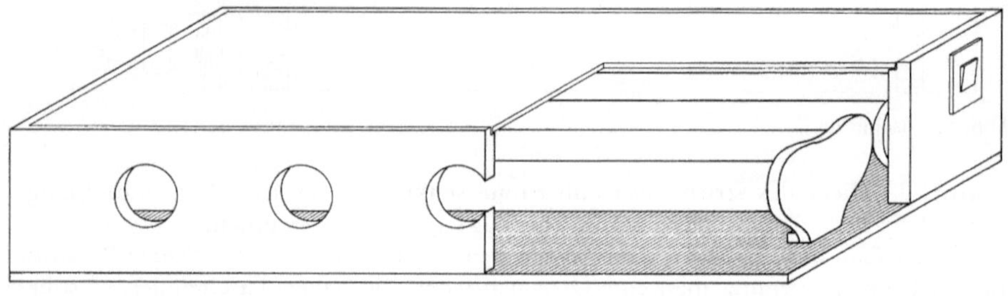

Abb. 4: Durchzeichenpult.

Will man eine Zeichnung proportionsgetreu vergrößern oder verkleinern, verwendet man einen *Storchschnabel* (Pantograph, Abb. 5) oder einen Projektionszeichenapparat. Man kann auch die Vorlage fotografieren, ein Positiv in der gewünschten Größe herstellen und dieses dann abpausen.

Abb. 5: Pantograph.

Da zeichnerische Darstellungen meist zwei- bis dreifach größer angelegt und für den Druck dann entsprechend verkleinert werden, sollte man sich ein *Verkleinerungsglas* beschaffen (Optiker-Fachgeschäft), um die entstehende Wirkung beurteilen zu können.

B. Übungen

I. Strichzeichnungen

Strichzeichnungen ohne Flächengestaltung werden wegen ihrer Klarheit für Diagramme, Umrisse, Übersichten usw. bevorzugt.

Eine Bleistiftzeichnung dient meist als Entwurf bzw. als Vorlage für einen Zeichner. Für Druck- und Vervielfältigungszwecke verwendet man zweckmäßigerweise Tuschezeichnungen, da einerseits ein dünner werdender Bleistiftstrich nie ganz originalgetreu wiedergegeben werden kann, und da andererseits durch den kräftigen Kontrast von Tusche und weißem Papier Unreinheiten eliminiert werden können.

1. Übung: Einfache Strichzeichnung mit Bleistift

Aufgabe: Darstellung des Umrisses und der wesentlichen Strukturen eines Blattes/ Schmetterlings ohne Ausgestaltung der eingeschlossenen Flächen.

Materialien: Ein weicher (B) und ein mittelweicher (F) Bleistift, Zeichenkarton DIN A4, Objekte (große Blätter z.B. von Ahorn, Wein oder Wildrose bzw. auf 15–20 cm Spannweite vergrößerte Fotografien von Schmetterlingen mit den dazugehörenden Schmetterlingspräparaten, genadelt und auf standfester Korkunterlage), Durchzeicheneinrichtungen.

Durchführung: Zunächst sollte man sich darüber im klaren sein, was man mit der Zeichnung darstellen bzw. verdeutlichen will. Davon hängt ab, was man eventuell in der Zeichnung wegläßt, verstärkt oder ergänzt, obwohl die betreffende Struktur unauffällig oder verdeckt ist. Im vorliegenden Fall sollte man sich auf die Konturen und Adern konzentrieren.

Bei der Durchführung dieser Übung muß man sich vor Augen halten, daß es nicht auf die zufällige, individuelle Besonderheit des vorliegenden Objektes ankommt, sondern auf das Typische der betreffenden Art. Daraus folgt, daß man sich bei einer wissenschaftlichen Zeichnung nicht mit einem individuellen Objekt als Vorlage begnügen darf, sondern mehrere heranziehen muß, um das Häufigste und damit das Typische zu erkennen und abzubilden. Für die hier vorgesehene Übung begnügen wir uns mit einem Objekt und beschränken uns darauf, mögliche Beschädigungen, untypische Flecken usw. zu eliminieren. Bilateralsymmetrische Objekte sollten auch symmetrisch gezeichnet werden: man zeichnet zunächst nur eine Hälfte und ergänzt diese durch ihr Spiegelbild.

Bei einer künstlerischen Darstellung würde das Objekt frei entworfen und skizziert werden. Mit einem solchen Anspruch an eine wissenschaftliche Zeichnung würde ein Anfänger nicht nur überfordert und abgeschreckt, sondern auch ein falscher Eindruck erweckt. Wissenschaftliche Zeichnungen werden – auch von denjenigen, die frei zeichnen können – fast immer mit Hilfsmitteln erstellt, die es erlauben, ohne großen Aufwand eine proportionsgetreue und unverzerrte Grundskizze als Gerüst zu fixieren. Daher sollte der *Entwurf* hergestellt werden, indem man das Blatt bzw. die Fotografie des Schmetterlings über einer starken Lichtquelle durchpaust (Durchzeichentisch, Pauskasten, Abb. 4, Glasplatte über einer Schreibtischlampe, Overheadprojektor oder Fensterscheibe). Dabei fährt man nur den Umriß und die markanten Strukturen mit einem Bleistift leicht nach. Die so erhaltene Skizze (Abb. 6) bedarf nun der feineren *Ausführung,* für die das natürliche Objekt (nicht die Fotografie) als Vorlage dient. Dafür werden die skizzierten Striche mit einem weicheren gespitzten Bleistift kräftig nachgezogen, wobei zuvor der genaue Verlauf (Anfang, Ende, Krümmung, Verzweigungsabstände) am Objekt kontrolliert werden muß. Bei dieser Gelegenheit lassen sich auch die ersten Fehler ausschalten (Achtung: Blattfalten bzw. Flügelfalten täuschen im Schattenwurf Adern vor, die es gar nicht gibt). Die Endfassung der Zeichnung ist dann korrekt, wenn die gezeichneten Linien das Wesentliche des Objektes wiedergeben, d. h. bei einer richtigen Darstellung sind immer die aufbauenden ($\simeq$ tragenden) Strukturen und ihre Funktionen – soweit abbildbar – zu berücksichtigen. (In diesem Fall wird das Objekt im wesentlichen vom Umriß und den Blatt- bzw. Flügeladern bestimmt.)

Abb. 6: Beispiel für eine erste Bleistiftskizze von einem Ahornblatt, dessen Umriß durch Pausen vom Originalobjekt erhalten wurde. Die tatsächliche Breite der Adern kann erst durch den Vergleich mit dem Objekt bei der Fertigstellung berücksichtigt werden. Es genügt daher, den Verlauf der Adern und die Stellen der Verzweigungen mit einfachen Strichen anzudeuten, damit die Gesamtproportionen gewahrt bleiben.

Bei der genaueren Ausführung sollten die folgenden Punkte beachtet werden – und zwar am effektivsten, indem sie jeweils getrennt und nacheinander an der entstehenden Zeichnung überprüft werden:

a) Der Gesamteindruck bei einer solchen Strichzeichnung wird von der Umrißlinie sowie einigen wenigen hervortretenden Strukturen bestimmt. Das bedeutet, daß der

Umrißlinie des Objektes ein besonderes Gewicht zukommt. Dies erreicht man durch eine etwas stärkere (etwa $^1/_3$ bis $^1/_4$ breitere) Randlinie. Bei der zeichnerischen Betonung des Randes ahmt man die Kontrastbildung (durch laterale Inhibition der Nervenzellen) beim Sehen zweier verschieden getönter Flächen nach (siehe Abb. 7). Da in dieser ersten Übung die Flächen unausgestaltet bleiben, muß der Rand besonders verstärkt werden, um einen natürlich wirkenden Gesamteindruck zu erzielen. Bei der flächenhaften Ausgestaltung eines Objektes in Übung 3, 4 und 5 wird dagegen die Randlinie abgeschwächt.

b) Die Binnenstrukturen (hier die Adern des Blattes/Schmetterlings) treten gegenüber den Randlinien zurück. (Man beachte den Unterschied zwischen der rechten und linken Blatthälfte in Abb. 7, indem man je eine Blatthälfte abdeckt!)

c) Die einzelnen Linien trennen sich unter bestimmten Winkeln voneinander, wobei diese Winkel bei einem Objekt oft nur wenig variieren.

Abb. 7: Bleistiftzeichnung von einem Ahornblatt. Die Darstellung der rechten und linken Blatthälfte demonstriert die Wirkung der Strichstärke am Rand und in der Fläche auf den Gesamteindruck. Wenn Sie jeweils eine Blatthälfte zuhalten, wird das Vor- bzw. Zurücktreten der Adern deutlich.

d) Zwischen den Verzweigungen liegen gewisse Mindestabstände, und selten gehen von einem Punkt mehrere Verzweigungen aus. Hilfe: Dreht man das Blatt/den Schmetterling um, so lassen sich die Adern und ihre Verzweigungen oft besser sehen als auf der Oberseite (notfalls Lupe oder Binokular verwenden).

e) Die zum Rand hin dünner werdenden Adern treten weniger hervor, wenn man nur die Begrenzungslinien zeichnet (Abb. 9, Pfeile 2,2′).

Will man den optischen Gesamteindruck verbessern, so empfiehlt es sich, die Strichstärke sogar innerhalb einer Linie zu wechseln. Eine Verschmälerung der Linienbreite muß dann vorgenommen werden, wenn der Zwischenraum zwischen den begrenzenden Linien geringer ist als die Einzelstrichstärke und das Auge infolgedessen die Lücke «überspringt» und als Ergebnis einen ungewöhnlich breiten, fast vollen Strich sieht (vgl. Abb. 9, Pfeil 2). Ober- und Unterseite eines Blattes sehen meist verschieden aus. Beim Ahorn sind auf der Blattoberseite die Blattadern als schmale, sich wenig verjüngende Spuren zu sehen, während sie sich auf der Unterseite erstens deutlich von der Fläche herausheben und zweitens sich von der Blattbasis zum Blattrand fast kontinuierlich verjüngen. Bei der Lichtpause erscheinen daher auf der Skizze die Adern in ihrer wahren Breite, während sie auf der Oberfläche viel schmaler sind! – Die Verjüngung der Adern beim Schmetterling ist bei der nächsten Übung näher ausgeführt.

Weitere *Hilfen* für die erste Übung:

Statt das ganze Objekt flüchtig zu zeichnen, ist es bei symmetrischen Vorlagen besser, nur eine Hälfte präzise auszuführen.

Unscharfe Konturen (Schmetterlingsrumpf, Behaarung!) grenzt man nicht mit einer durchgezogenen Linie ab, sondern mit aneinander gereihten kurzen Strichen in Richtung der Haarstellung (Abb. 8 d).

Darauf achten, daß man nicht die Färbung, sondern die wirkliche Breite einer Struktur (Ader) zeichnet! Bei einer Strichzeichnung nur die Aderbreite zeichnen; bei der späteren Flächengestaltung kann die Ader zugunsten des auffälligeren Farbmusters zurücktreten.

Häufig (z.B. am Blattstiel) ist die Schwierigkeit zu überwinden, von einer konvexen in eine konkave Krümmung überzugehen. Eine geschlossene Linienführung läßt sich dadurch erreichen, daß man der skizzierten oder möglichen neuen Linie mit dem Auge etwas vorauseilt und die Hand gleichmäßig dem Blick folgen läßt. Nicht viele kurze Striche aneinanderreihen; notfalls auf einem Zusatzblatt üben! Von 2 Parallelen (Stiel) sollte man erst eine Linie komplett zeichnen und dann parallel dazu die zweite (Biegelineal).

Haben Sie den Mut, Ihre Zeichnung mit einem anderen zu besprechen. Außenstehende können oft spontan sagen, was ihnen unverständlich oder fehlerhaft erscheint.

2. Übung: Einfache Strichzeichnung mit Tusche

Tuschestrichzeichnungen sind einfache und daher die am häufigsten verwendeten Abbildungsvorlagen. Sie eignen sich für Karten, schematische Darstellungen, Diagramme und Strichzeichnungen von einfachen natürlichen Objekten. Der starke Schwarzweißkontrast erleichtert die drucktechnische Wiedergabe.

Aufgabe: Zeichnung eines flachen Objektes mit Umriß und markanten Strukturen wie in Übung 1. Im wesentlichen treten hier dieselben Probleme wie bei Übung 1 auf. Weil es aber kaum möglich ist, nach einer ersten Übung alles richtig zu machen, wird man gut daran tun, sich an einem ähnlichen Objekt nochmals denselben oder ähnlichen Schwierigkeiten zu stellen. Hinzu kommt der Umgang mit Tusche und Feder.

Materialien: Bleistift (B), Zeichenfedern (spitz und breit) mit Halter, Tusche, Zeichenkarton DIN A4, Rasierklinge oder ein scharfes Messer, Deckweiß, Blockschälchen, ein feiner Pinsel, eventuell Tipp-Ex flüssig und Objekte wie bei Übung 1.

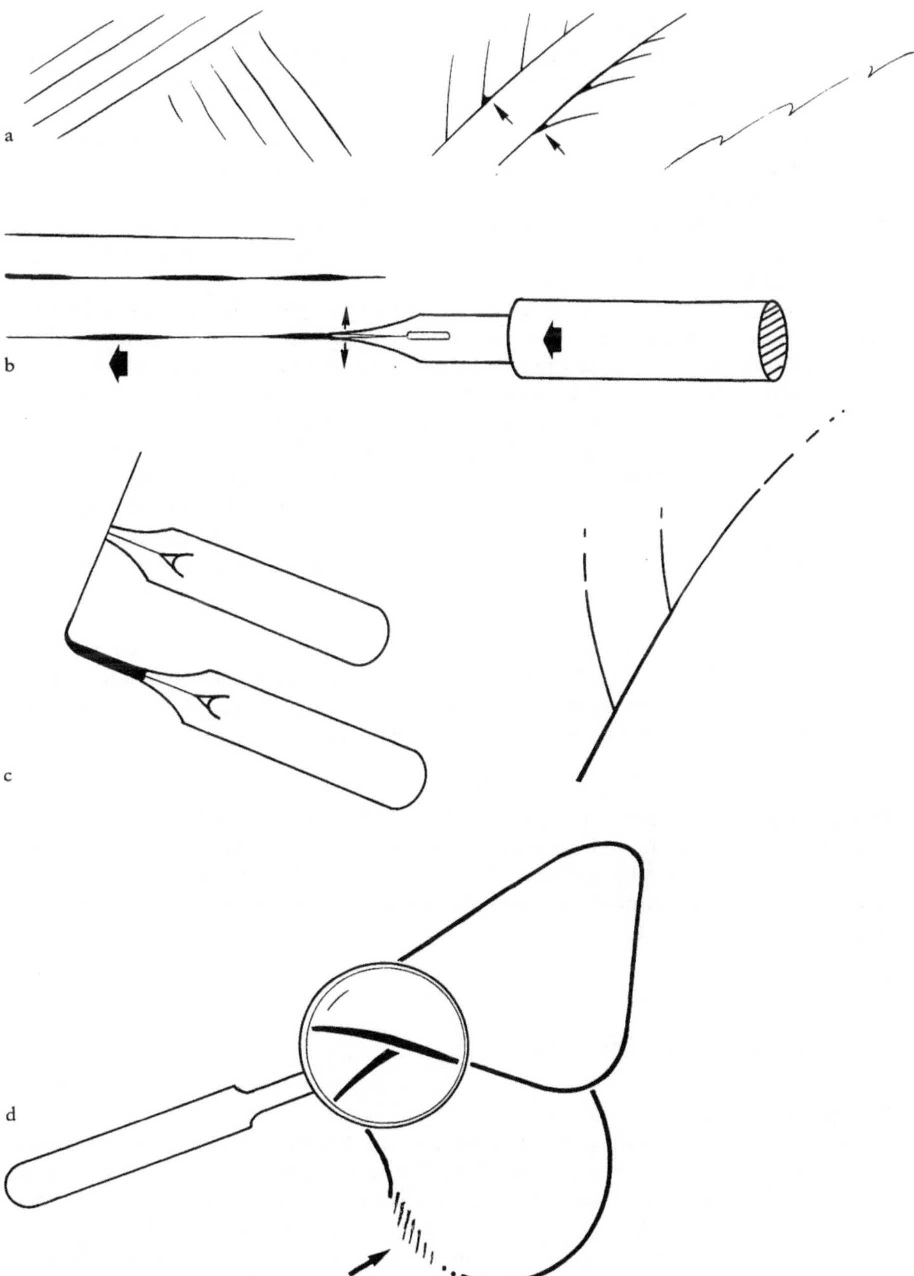

Abb. 8: Beispiele für erste Übungen mit Tusche und Feder. Man beachte die scheinbare Verjüngung der Linien bei c (rechts), die durch größere Lücken erzielt wird. Verkleinerung gegenüber dem Original um etwa $^1/_3$.

Es empfiehlt sich, zunächst eine kleine *Vorübung* auf einem getrennten Blatt Papier vorzunehmen, um die Besonderheiten von Tusche und Federn kennenzulernen. Im Gegensatz zum Bleistift sind hier Korrekturen schwierig und meist nur einmal möglich (siehe unten).

Man beginne mit einfachen Strichen, die man mehrfach in verschiedener Richtung und Länge wiederholt. Dabei achtet man auf die folgenden Punkte: eine gleichmäßige Strichstärke und den Verlauf der Linien (gerade/gekrümmt).

Bei Verzweigungen muß der Grundstrich getrocknet sein, bevor neu angesetzt wird, damit die Tusche nicht verläuft und an den Gabelungen einen unnatürlichen Fleck bildet (siehe Abb. 8 a).

Bei kurzen Strichen wird die ganze Hand auf das Papier aufgesetzt, bei längeren Linien läßt man zumindest die Finger auf dem Papier gleiten. Da Tuschestriche endgültig sind, ist darauf zu achten, daß die zu zeichnende Linie, falls sie gekrümmt ist, mit der konkaven Seite zum Handgelenk weist, damit ein möglichst großes Stück aus dem Handgelenk heraus geführt werden kann. Bei konvexen Linien Zeichenkarton drehen.

Bevor man einen Strich ausführt, sollte man erst einmal frei über die geplante Strecke hinwegfahren, um zu sehen, wie weit man mit einer Schwenkung bzw. Drehbewegung aus dem Handgelenk (4–7 cm) kommt. Auch wenn eine größere Linie gezogen werden muß, setzt man die Hand leicht auf dem Papier auf und dreht dann aus dem Ellenbogengelenk (10–20 cm). – Bei langen Linien mit geringer Krümmung kann man den Halter weiter hinten fassen, um den Radius zu erweitern (Achtung: ungenauere Führung).

Soll die Strichstärke variieren, so wird dies durch eine entsprechende Druckänderung (Pfeile) auf die Feder erzielt (Abb. 8 b). Wird eine regelmäßige Breitenänderung gewünscht (manchmal richtungsabhängig, etwa bei Schriftzeichen), so verwendet man statt der spitzen Feder eine sog. Bandzugfeder, die über eine Schmal- und eine Breitseite verfügt (Abb. 8 c).

Durchführung: Auch bei der Tuschezeichnung geht man zunächst von einer Bleistiftskizze aus, die man entweder mit Hilfe des Originals oder – falls geeignet – von der Bleistiftzeichnung der 1. Übung paust. Bei der Tuschezeichnung muß jeder Strich vor seiner Ausführung noch einmal am Objekt überprüft werden und zwar bezüglich

Richtung,
Länge,
Krümmung,
Breite und
Gewichtung gegenüber anderen Linien.

Hilfen und Hinweise:

Kommt es durch die Überlappung von Einzelteilen (Blattfiedern, Vorder- und Hinterflügel) zu sich kreuzenden Linien, so wird die Umrißlinie des obersten Teils durchgezogen und die Umrißlinie der darunter führenden Strukturen unterbrochen. Diese Unterbrechung besteht aus einer parallel zur durchgezogenen Linie verlaufenden Lücke von etwa $^1/_2$ bis $^2/_3$ der Strichstärke, d. h., die «untere» Linie endet vorzeitig (siehe Abb. 8 d).

Objektränder mit unscharfer Begrenzung werden durch eine entsprechende Strichelung wiedergegeben (Pfeil in Abb. 8 d).

Man beachte, daß die Adern vieler Blätter zum Rand hin immer dünner und scheinbar zahlreicher werden. Würde man alle Verästelungen ausführen, so käme es zu einer

Abb. 9: Ahornblatt. Die Umrißlinien sind etwas übertrieben stark gezeichnet. Die Adern in der rechten und linken Blatthälfte sind verschieden dick und lang gezeichnet. Die Pfeile 1 bis 3 weisen auf wesentliche Unterschiede in der Ausführung hin. Diese Unterschiede werden besonders deutlich, wenn man jeweils eine Blatthälfte abdeckt.

unnatürlichen Fülle und Betonung der Randzonen. Deshalb wird das Verzweigungsmuster nur angedeutet und vor dem Blattrand beendet. Die Verjüngung der Adern ist bei manchen Blättern auf der Ober- und Unterseite sehr verschieden (Abb. 9). Im Schmetterlingsflügel verschmälern sich die Adern nur an den wenigen Verzweigungen und ziehen dann mit fast konstanter Breite bis zum Flügelrand.

Da die meisten wissenschaftlichen Zeichnungen nachträglich verkleinert werden, sollte eine Mindeststrichstärke von 0,2 mm nicht unterschritten werden (besser ist eine Strichstärke von 0,4 bis 0,5 mm).

Weiterführung eines Striches: Muß man bei der Strichführung absetzen, so verringert man den Druck auf die Feder etwas. Beim Weiterziehen setzt man nicht genau am Strichende an, sondern etwas davor, so daß an der eigentlichen Nahtstelle schon wieder die volle Strichstärke erreicht wird. – Strichansätze feucht verlängern, Verzweigungen trocken!

Zur Überprüfung des Gesamteindrucks kann man ein Verkleinerungsglas verwenden oder die Zeichnung aus größerer Entfernung betrachten, um vom Objekteindruck abweichende Gewichtungen einzelner Linien zu beurteilen. (Die Abb. 9 ist gegenüber dem Original nur etwa um $^1/_3$ verkleinert worden.)

Unausbleibliche *Fehler* lassen sich folgendermaßen *korrigieren:*

a) Bei hartem, nicht saugendem Papier kann man die falschen Tuschestriche mit einem scharfen Messer abkratzen. Vorsicht beim Nachzeichnen! Meist ist das Papier etwas aufgerauht und der nachfolgende Tuschestrich wird breiter und unschärfer.

b) Bei rauhem oder weichem Papier und für Kleinstkorrekturen, ferner insbesondere für Strichverschmälerungen und für Unterbrechungen eignet sich auch die Übermalung mit Deckweiß mit einem feinen Pinsel. Schwierig ist die Überzeichnung auch hier: die Erhebung auf dem Papier lenkt die Feder leicht ab. – Bei einer Druckvorlage schadet die Deckweißkorrektur weniger als das Kratzsystem, da die Ränder scharf bleiben. – Tipp-Ex in flüssiger Form trocknet sehr rasch und deckt gut ab, ist aber teuer und wenig haltbar.

II. Darstellung von Flächen

Bisher wurden zur Einübung des Umgangs mit Bleistift und Tusche Objekte mit einfachen Strichen dargestellt. In den folgenden drei Übungen geht es um die Behandlung von Flächen mit unterschiedlichen Graustufen und Farben.

3. Übung: Die Zeichnung in Halbtontechnik

Mit der Halbtontechnik erzielt man Zeichnungen, die ähnlich wie bei der Schwarzweißfotografie verschiedene Graustufen enthalten. Sie eignet sich für viele Zwecke, auch als Druckvorlage (Kap. C). Grundsätzlich kann man mit Grautönen sowohl Farbmuster darstellen, indem man jede Farbe durch ihren Grauwert wiedergibt, als auch die Räumlichkeit eines Objektes verdeutlichen, indem man etwa auftretende Schattenbildungen verwendet. Für den Anfang sollte man jedoch nicht beides gleichzeitig versuchen. Wir beginnen mit der Darstellung von Farbverteilungen auf einem flächigen Objekt.

Man erhält gute Abbildungen sowohl mit Bleistift als auch mit Tusche. Das Anlegen unterschiedlich dunkler Flächen nennt man Schattierung. Verwendet man Bleistift, kann man mit einem weichen Stift tiefschwarze Töne erzielen. Je härter die Bleistifte sind, desto heller wird die Fläche. Die Ausführung der Schattierung mit Bleistiftstrichen bezeichnet man als Schraffieren. Nimmt man Tusche, dann arbeitet man mit dem Pinsel und stellt unterschiedliche Grautöne durch eine entsprechende Verdünnung her (s. Anhang zu dieser Übung). Für die Aufgabe der 3. Übung wählen wir der Einfachheit halber die Bleistift-Manier (s. unten).

Aufgabe: Wir nehmen dasselbe Objekt wie in der 1. Übung, d. h. ein Blatt oder einen Schmetterling. Nach der Zeichnung der Konturen (Übernahme auf den Karton durch Pausen auf dem Durchzeichentisch) und der markanten Strukturen der Fläche (Adern) stellen wir die Flächenmuster durch Schraffieren dar.

Materialien: Bleistifte der Härtegrade 2B, HB, 2H; Radiergummi; Fixativ.

Vorübung: Zunächst soll auf einem besonderen Karton auf kleineren Flächen das Schraffieren erprobt werden (Abb. 10). Man kann es etwas unterschiedlich handhaben. Neben der unten beschriebenen Methode wird häufig mit sehr flachgehaltenem Bleistift gearbeitet. Das erlaubt zwar eine relativ schnelle Bedeckung der Fläche mit Strichen, bereitet aber u. U. bei kleinflächigen Mustern gewisse Schwierigkeiten. Gelegentlich wird im Anschluß an eine Schraffur mit weichem Bleistift gewischt, z. B. mit beiderseits spitzen Papierwischern. Diese sind für die Arbeit mit Zeichenkohle entwickelt und leisten dort gute Dienste. Man erzielt u. U. homogene Flächen und gute Übergänge. Bei der Bleistiftschraffur sind sie weniger nützlich und bergen die Gefahr, die Zeichnung unscharf und kontrastarm zu machen. Bei der Übung in Abb. 10 wird mit Bleistiften gezeichnet, die in normaler Haltung oder senkrecht zum Zeichenkarton angesetzt werden. In Abb. 10c ist eine tiefschwarze Fläche mit weichem Bleistift (2B) schraffiert. Man setzt dicht nebeneinander etwa parallel verlaufend Striche. Dabei wird der Druck um so stärker gewählt, je tiefer schwarz die Fläche werden soll. Über die erste Lage legt man weitere, die zu den ersten Strichen in einem Winkel von ca. 60° verlaufen, solange bis die Fläche durch das entstandene Netz von Strichen annähernd homogen erscheint.

a   b   c   d

Abb. 10: Mit unterschiedlichen Härtegraden hergestellte Bleistiftschraffuren: a 2H, b HB, c 2B, d 2B und HB.

Auf den beiden Übungsflächen Abb. 10a und b verfahren wir entsprechend, nur mit Bleistiften der Härte 2H und HB. Hierzu verwendet man zunächst den weichen Bleistift und vermindert von schwarz zu hellgrau den Druck und die Schichtdicke (Abb. 10d). Anschließend ist mit dem Bleistift HB nochmals überschraffiert, wodurch der Grauton homogener wird.

Mögliche Fehler: Infolge unterschiedlichen Bleistiftdrucks oder unterschiedlicher Strichdichte kann die Fläche wolkig erscheinen. Ferner erhält man dann, wenn man nur

kurze Striche macht und danach eine zweite Reihe von Strichen danebensetzt, dichtere
Zonen dort, wo sich zwei solche Strichreihen überschneiden. Bei kleinen Flächen kann
man das dadurch vermeiden, daß man die Striche jeweils über die ganze Fläche führt.
Am Rand wird durch ergänzende Schraffur der noch freigebliebene Rest der Fläche
ausgefüllt.

Abb. 11: Tagfalter (Kleiner Fuchs). Bleistiftzeichnung. a Originalgröße, b Verkleinerung auf die
Hälfte.

Durchführung der Aufgabe (Abb. 11): Wir übernehmen auf dem Durchzeichenpult
wie in der 1. Übung die Vorlage (Blatt oder Schmetterling) auf den Zeichenkarton. In
diesen Entwurf skizzieren wir auch die Umrisse der Muster mit dünnen Strichen. Danach zeichnen wir zunächst die Konturen sauber aus (Bleistift mittlerer Härte). Die
Adern werden mit vorerst leichtem Strich ausgeführt. Jetzt kann man mit der Schraffur
der Muster beginnen. Hat man es mit Farben zu tun, muß man sich dafür entscheiden,
wie man durch unterschiedliches Grau die Farben gegeneinander abhebt, falls es sich
nicht nur etwa um unterschiedliche Brauntöne und Schwarz handelt. Zu beachten ist
bei der Arbeit, daß sich die Muster nicht scharf gegeneinander abgrenzen. Meist muß
man Übergänge zeichnen wie in Abb. 10 d. Es genügt, wenn man eine Hälfte des
Schmetterlings ausarbeitet.

14

Nach der Fertigstellung des Musters muß man die Adern fertig zeichnen. Sie heben sich besonders deutlich hervor, wenn man ihren Scheitel weiß läßt, die Konturen auf der einen Seite verstärkt, in der Regel auf dem Bild unten und rechts, da man den Lichteinfall von oben links annimmt.

Anschließend wird die Zeichnung mit Fixativ behandelt.

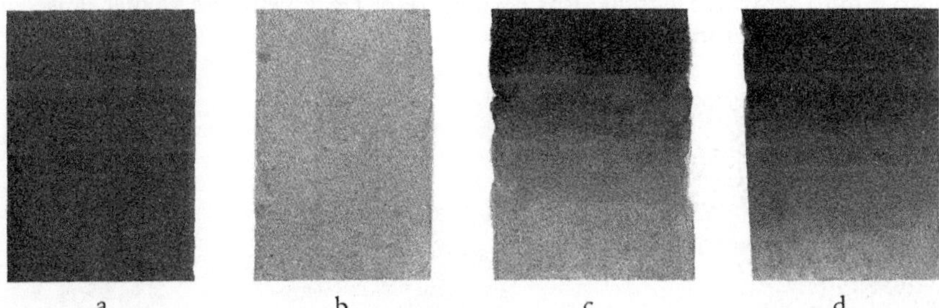

Abb. 12: Unterschiedliche Grautöne mit Pinsel und Tusche hergestellt. a reine Tusche, b verdünnte Tusche, c Übergang von Schwarz nach Grau mit der Wasserfarbentechnik, d das Gleiche mit feinen Pinselstrichen ausgeführt.

Anhang: In Abb. 12 a–d sind Flächen mit Tusche schattiert. Man kann wie mit Wasserfarbe arbeiten (5. Übung, Abb. 12 a–c) oder aber – vor allem bei kleinen Flächen – mit spitzem, relativ trockenem Pinsel, ähnlich wie bei der Punktiertechnik, dicht nebeneinander kleine Pinselstriche setzen (Abb. 12). Es gelingen mit beiden Methoden fließende Übergänge. Bei der Aquarelltechnik geht man von Dunkel nach Hell, bei der Pinselstrichmanier von Hell nach Dunkel vor.

4. Übung: Punktierung mit Tusche

Verschiedene Graustufen lassen sich nicht nur durch Bleistiftschraffur (s. Übung 3) darstellen, sondern auch, indem man Tuschepunkte mehr oder weniger dicht nebeneinander setzt. Die Punkte verschmelzen für das Auge – aus einiger Entfernung betrachtet oder nach einer fotografischen Verkleinerung – zu einer einheitlichen Tönung.

Das Verfahren ist zeitaufwendig. Jedoch können die Vorlagen dadurch, daß im Grunde nur mit tiefschwarzer Tusche gearbeitet wird, relativ einfach für den Druck aufbereitet werden (Strichätzverfahren, s. Kap. C). Außerdem gelingt die Herstellung von fotografischen Reproduktionen mit den üblichen Geräten völlig problemlos (Dokumentenfilm verwenden!). Besonders für Examensarbeiten, die meist in mehrfacher Ausfertigung hergestellt werden müssen, wird man dies sehr zu schätzen wissen.

Alternativen:

a) Bleistiftschraffur (s. Übung 3); technisch einfacher, aber komplizierter für den Druck aufzubereiten und schwieriger abzufotografieren.

b) Verwendung von «Runzelkornpapier» (= beidseitig geprägtes Offsetdruckpapier, s. Ergänzung 2, S. 23); von der Technik her ein vollwertiger Ersatz, bei Habituszeichnungen etwas gefälliger als bei cytologischen Detailzeichnungen.

c) Schraffur mit Tuschestrichen; sehr schwierig, wird hier nicht behandelt.

Aufgabe: Die Musterung eines flächigen Objekts soll durch Punktierung mit Tusche dargestellt werden. Wir wählen dasselbe Objekt wie in der 3. Übung (Schmetterlingsflügel), um die unterschiedliche Wirkung von Bleistiftschraffur und Tuschepunktierung zu zeigen.

Material: Ornamentfeder (s. Abb. 2, S. 2) oder Tuschefüller, beides in Größen von 0,5 bis 0,7 mm; schwarze Tusche; Rasierklinge oder Deckweiß und kleiner Pinsel zum Ausbessern; Verkleinerungsglas.

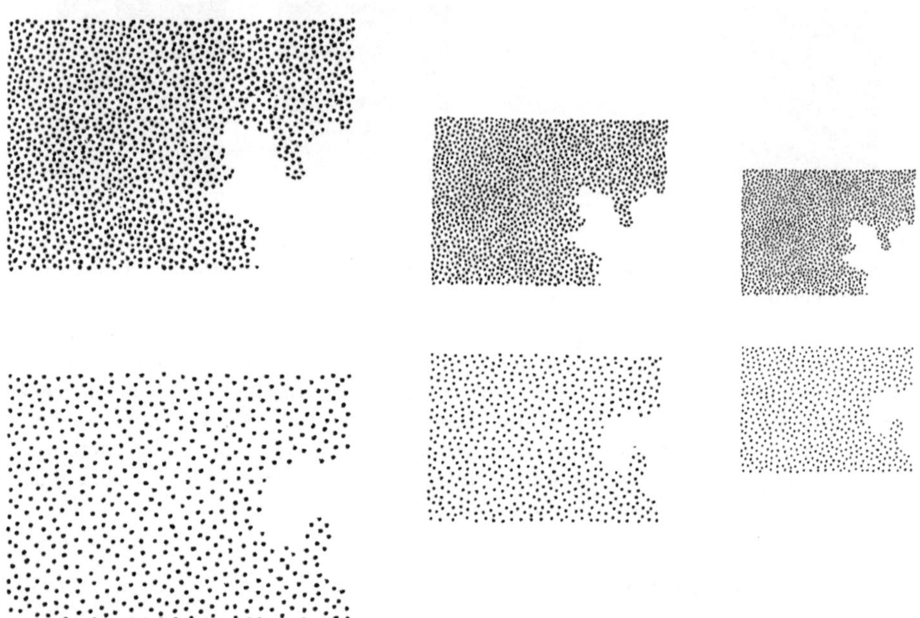

Abb. 13: Punktierung mit 0,7 mm. Links Originalgröße, daneben jeweils Verkleinerungen auf ²/₃ und ¹/₂. Bei beiden Flächen wurde die Punktierung abgebrochen, um die Art der Flächenbedeckung zu demonstrieren. Sowohl die helle als auch die dunkle Punktierung gewinnen mit fortschreitender Verkleinerung an Homogenität. Die dunkle Fläche zeigt in der Verkleinerung auf ¹/₂ jedoch erste Anzeichen zur Wolkenbildung, die sich bei weiterer Verkleinerung noch verstärken würde.

Vorübungen: Zunächst versucht man, zwei kleine Flächen mit gleichmäßig dunkler bzw. heller Grautönung anzulegen (Abb. 13). Man wird rasch bemerken, daß es sehr aufwendig und daher nicht sinnvoll ist, wenn die verwendete Feder sehr kleine Punkte erzeugt. Zeichenfedern sind für unsere Zwecke beispielsweise ungeeignet. Für Zeichnungen, die nachträglich auf die Hälfte oder sogar auf ein Drittel verkleinert werden sollen, kann man Ornamentfedern oder Tuschefüller mit einer Strichstärke von 0,5 mm benutzen.

Beim Setzen der Punkte fährt man am besten mit der Hand kurze, ineinander verschlungene Bögen nach und vermeidet gerade Punktreihen. Sie würden als Linien auffallen, die dann Objektstrukturen vortäuschen (vgl. Abb. 14 links oben).

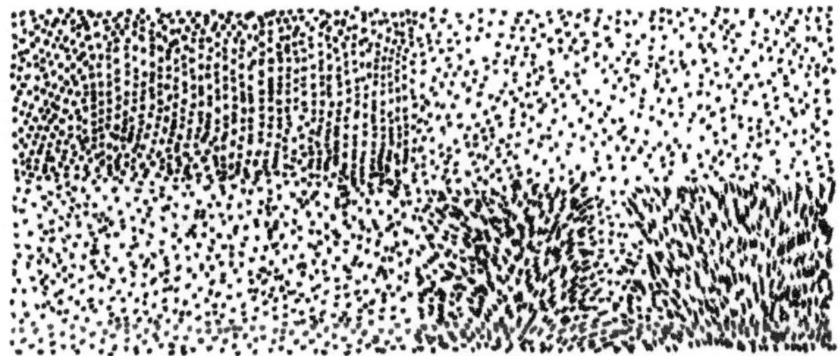

Abb. 14: Fehlerhafte Punktierung: Reihen (links oben) und Striche (rechts unten) täuschen Objektstrukturen vor; zu dicht sitzende Punkte (links unten) und Lücken (rechts oben) erscheinen beim Verkleinern als Flecken. Punktierung mit 0,7 mm. Originalgröße.

Die Gleichmäßigkeit der entstehenden Grautönung muß möglichst oft überprüft werden, indem man die Zeichnung aus einigem Abstand (1 m) oder besser mit dem Verkleinerungsglas anschaut. Einzelne überzählige Punkte können mit Deckweiß übermalt werden (vgl. Abb. 14 links unten), zusätzliche Punkte an leeren Stellen hinzugefügt werden (Abb. 14 rechts oben). Am besten arbeitet man hierbei unter dem Verkleinerungsglas und benutzt etwas kleinere Federn. Manchmal genügt schon das Verändern weniger Punkte, um eine gute Wirkung zu erzielen. Im allgemeinen jedoch sind nachträgliche Verbesserungen schwierig durchzuführen, so daß es bei größeren Reparaturen eher lohnt, wieder von vorn anzufangen.

Als Anfänger wird man während des Punktierens feststellen, daß die Punkte immer mehr zu kleinen Strichen entarten (vgl. Abb. 14 rechts unten). Man ist dann entweder ungeduldig geworden, oder das Papier hat sich durch die Feuchtigkeit der Hand aufgeworfen. Eine Punktierung wirkt aber nur dann als Grautönung, wenn die Punkte untereinander genau gleichförmig sind und dadurch unauffällig bleiben. Punktieren ist zeitaufwendig!

Ein kleiner Trost für diejenigen, die nach dem dritten Versuch aufgeben wollen: Größere Flächen, die mit vollständig homogener Tönung ausgefüllt werden müssen, treten nur in Spezialfällen auf (vgl. Ergänzung 1, S. 20). Meist hat man es mit fließenden Übergängen zwischen verschiedensten Graustufen zu tun. Man braucht also die in Abb. 13 dargestellte Vorübung nicht bis zur Perfektion zu treiben, sondern versucht lieber, als nächstes von einer mittleren Grautönung kontinuierlich in tiefes Schwarz überzugehen (Abb. 15). Dabei ist es durchaus richtig (entgegen manchen Lehrmeinun-

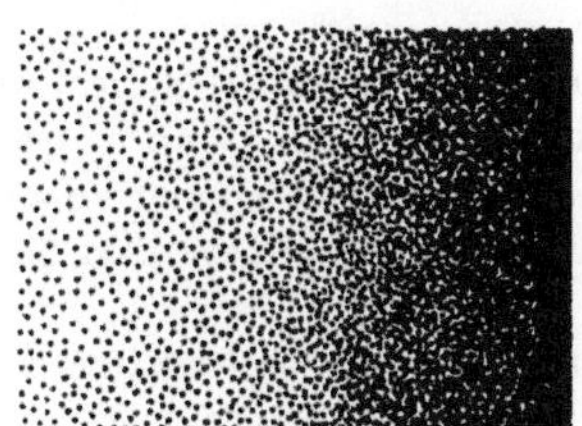 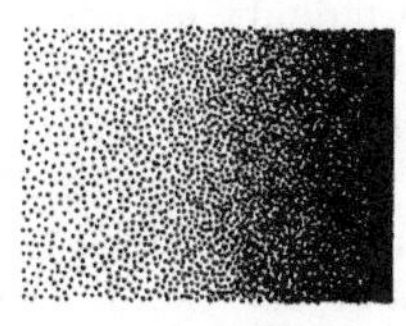 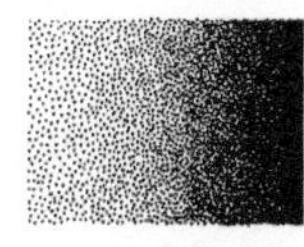

Abb. 15: Übergang von mittlerem Grau zu Schwarz. Punktierung mit 0,5 mm. Links Originalgröße, daneben Verkleinerung auf ²/₃ und ¹/₂. Der Eindruck der Grautönung wird mit fortschreitender Verkleinerung besser. Jedoch treten Fehler immer deutlicher hervor, da sich dichter stehende Punkte zu dunklen Wolken zusammenfügen.

gen), die Punkte immer stärker ineinanderfließen zu lassen, bis kurz vor der rein schwarzen Fläche die übrigbleibenden weißen Stellen immer kleiner werden. Wichtig ist nur zu überprüfen (Verkleinerungsglas!), ob sich nicht unregelmäßig große Flecken gebildet haben, die beim Verkleinern der Zeichnung neue Muster erzeugen. Man achte auch auf Stellen, an denen der Übergang nicht gleitend gelungen ist und versuche, sie durch Hinzufügen oder weißes Übermalen einzelner Punkte auszubessern.

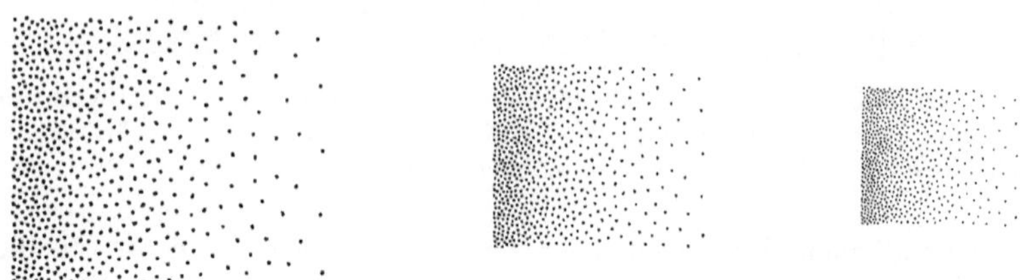

Abb. 16: Übergang von mittlerem Grau zu Weiß. Punktierung mit 0,5 mm. Maßstäbe wie bei a. Auch hier wird (wie in Abb. 15) der Eindruck der Grautönung mit fortschreitender Verkleinerung besser. Anders als bei dunklen Flächen reagiert man jedoch auf Wolkenbildung weit weniger empfindlich.

Ebenso wichtig ist es, den Übergang von einer mittleren Tönung in reines Weiß zu probieren (Abb. 16). Man muß hier vor allem ein Gefühl dafür entwickeln, wie weit die Punkte auseinander liegen dürfen, so daß sie noch zu einer Grautönung beitragen und nicht als Einzelpunkte erscheinen. Die Grenze ist u. a. abhängig vom beabsichtigten Verkleinerungsmaßstab und der Punktdicke und muß jeweils erprobt werden.

Durchführung: Wie in der vorigen Übung benutzen wir das vergrößerte Schwarzweißfoto eines Schmetterlings (18 × 24 cm) und pausen die Umrisse, den Aderverlauf sowie die Begrenzung der Farbflecken mit weichem Bleistift durch. Gleichzeitig kann man dem Foto die Graustufen der einzelnen Farbflecken entnehmen. Bei komplizierten, fließenden Übergängen zwischen den Grauwerten ist es ratsam, sich auch die Breite der Übergangsstreifen zu markieren, da man beim langsamen Punktieren leicht den Überblick verliert.

Äußere Begrenzung und Adern werden mit Zeichenfeder und Tusche dünn nachgefahren. Die dickeren basalen Abschnitte der Adern kann man doppelt begrenzen. (Zur räumlichen Gestaltung der Adern siehe weiter unten.)

Beim Punktieren ist es vorteilhaft, jeweils von einer hellen Stelle zu einer dunkleren überzugehen und dann wieder an einer hellen Stelle anzufangen. Denn es ist relativ leicht, im Verlauf eines Arbeitsganges eine immer stärkere Schwärzung zu erzielen, während das Umgekehrte viel schwerer fällt. Erst ganz zum Schluß werden die Übergänge zu rein weißen Flächen ausgeführt.

Vorsicht: Man erliegt leicht der Gefahr, mit fortschreitender Arbeitsdauer immer dunkler zu punktieren!

Nun sollte man einen Flügel vollständig punktieren und dabei alle guten Ratschläge nach Möglichkeit beherzigen. Ehe man sich wegen der Vielzahl der Hinweise jedoch nicht getraut, überhaupt einen Punkt zu setzen, sollte man lieber einfach drauf los zeichnen und erst dann, wenn das Bild nicht befriedigt, noch einmal nach den Gründen forschen. Einige Fehler haben sich wohl schon vermeiden lassen, ohne daß man besonderes Augenmerk darauf richten mußte.

Mit großer Wahrscheinlichkeit wird man jedoch feststellen, daß die einzelnen Grauflächen der Zeichnung beziehungslos nebeneinandergesetzt sind. Durch den vergrößerten Maßstab der Zeichnung, vor allem aber durch die Langsamkeit des Punktiervorgangs, verliert man nämlich den Überblick und das Gefühl für den Gesamtzusammenhang der Strukturen. Abb. 17 zeigt ein Beispiel.

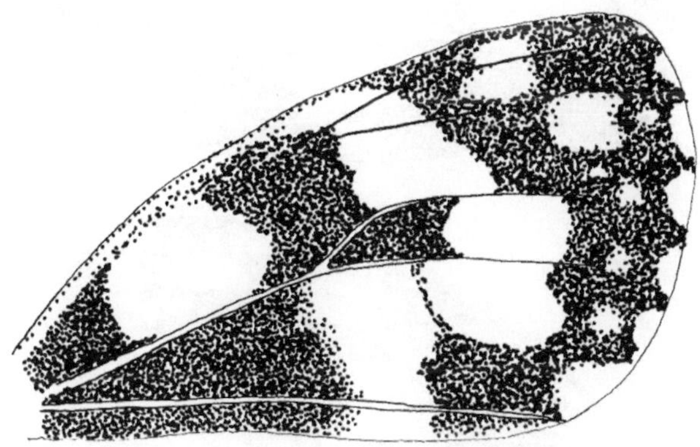

Abb. 17: Aus mehreren Gründen ist diese Zeichnung eines Schmetterlingsflügels unbefriedigend. Die Punktierung ist zu schnell und zu sorglos gesetzt. Dadurch entstehen unschöne, grobe Muster. Ferner sind die einzelnen Flecken in sich undifferenziert und zu hart begrenzt. Daher erzeugen auch die Lichtreflexstreifen auf den Adern keinen räumlichen Eindruck, sondern wirken eher als Fremdkörper. Muster und Aderverlauf stimmen offensichtlich nicht zusammen (rechter Rand, Mitte). Man kann in der Abbildung zwar die dargestellte Art (Damenbrett, Melanargia galatheae) erkennen, die Zeichnung wirkt jedoch unorganisch. Originalgröße; Punktierung mit 0,5 mm.

Wenn man das Original noch einmal genau studiert, wird auffallen, wie organisch selbst grellste Farbflecken in die Gesamtstruktur eingefügt sind. Man wird gleitende Übergänge finden, wo man vorher harte Konturen vermutete, winzige Angleichungen der Farbfleckumrisse an den Aderverlauf, Abhängigkeiten der Farbmusterbegrenzungen vom Flügelrand und ähnliches mehr. Durch kleine Verbesserungen werden dann die zunächst beziehungslosen Einzelteile zusammengefügt werden können, so daß das Bild entscheidend gewinnt.

In Abb. 18 wurde versucht, dem Rechnung zu tragen. Gleichzeitig bietet diese Abbildung ein Beispiel für die Behandlung der wenigen räumlichen Strukturen. Meist setzt man sich so, daß das Licht von vorn links einfällt. Dann ergibt sich jeweils hinter einer Ader ein etwas dunklerer Streifen, der in die angrenzende Grautönung überlaufen kann. Entscheidend für die räumliche Wirkung ist ein heller Lichtreflex-Streifen auf der Oberseite der Ader. Wenn man wegen des zu wuchtigen Aussehens keine doppelte Begrenzungslinie ziehen kann, muß man auf der nicht begrenzten Seite eine Punktreihe setzen, die den Lichtstreifen freiläßt, und erst dann die angrenzende Flügelfläche bis zur Punktreihe ausfüllen (vgl. die hinterste Ader in Abb. 17 und 18). Dünne Aderabschnitte treten durch einen rein weiß gelassenen Reflexstreifen zu weit hervor. Hier schwächt man durch Aufsetzen einer Punktreihe etwas ab (vgl. die distalen Aderteile in Abb. 18).

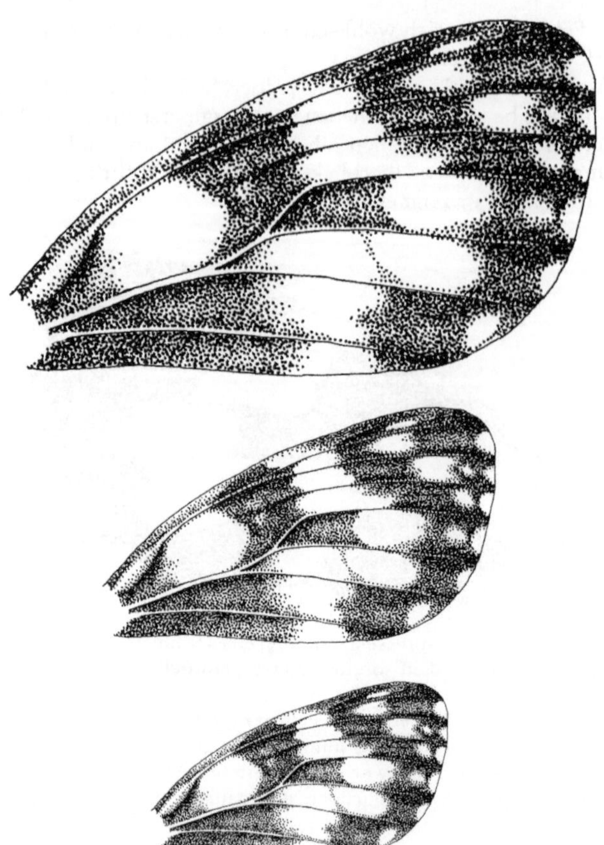

Abb. 18: Hier wurde Wert auf ruhiges Arbeiten und differenzierte Darstellung der Farbflecken gelegt. Die Angleichung der dunklen Stellen an die weißen Zwischenräume wird durch wenige Punkte erreicht, so daß zwar immer noch harte Kontraste bestehenbleiben, die Fläche jedoch Zusammenhang erhält. Der bessere Eindruck wird auch nicht unwesentlich durch die Kontrastverstärkung gegen die Adern hin hervorgerufen. Sie erscheinen dadurch tatsächlich als erhabene Stellen (vgl. z.B. die mittlere Ader in Abb. 17 und hier). Punktierung mit 0,5 mm; oben Originalgröße, darunter Verkleinerung auf ⅓ und ½. Der Eindruck des Bildes verbessert sich mit fortschreitender Verkleinerung. Bei sorgfältigem Arbeiten ist auch bei der Verkleinerung auf ½ noch keine Wolkenbildung zu befürchten.

Weitere Beispiele zur Verwendung der Punktiertechnik bieten die Abb. 20 und 34 (S. 22 und 56).

Ergänzende Methoden:

1. Verwendung von Rasterfolien

Von verschiedenen Firmen (z.B. Deca-dry, Letraset) werden Klebefolien mit unterschiedlichsten Mustern angeboten. Für unsere Zwecke sind vor allem regelmäßige

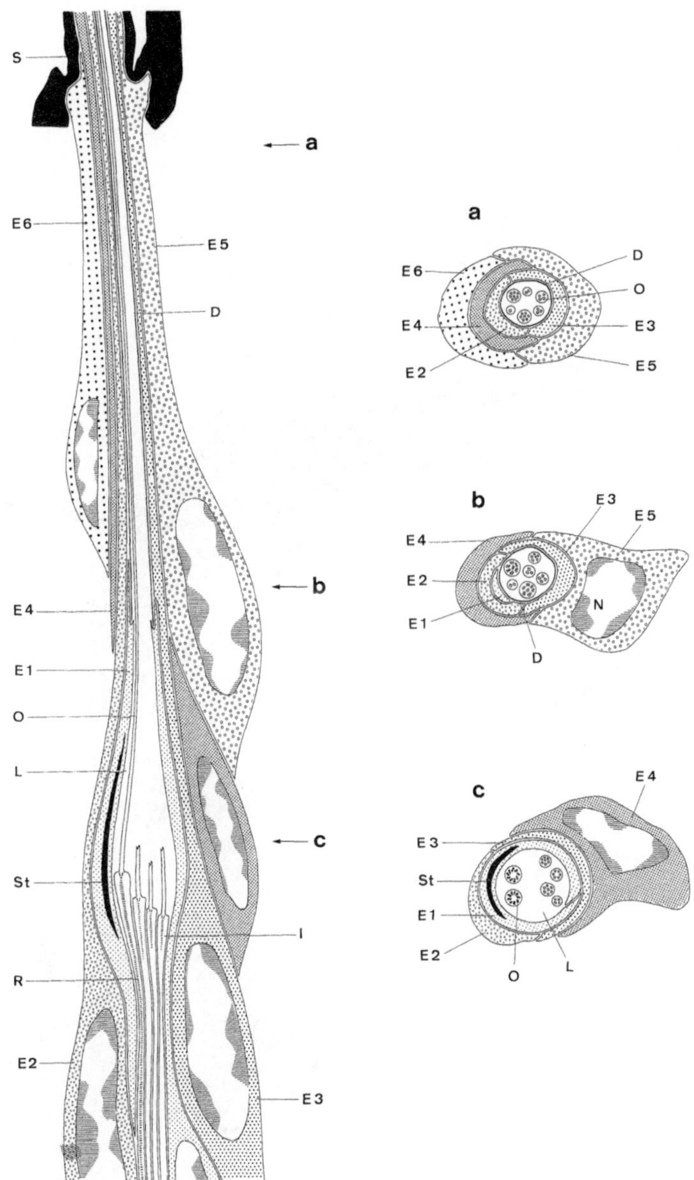

Abb. 19: Beispiel für die Verwendung von Punktrasterfolien in einer Schemazeichnung. Die einzelnen Zellen werden durch die verschiedenartigen Muster übersichtlich in ihrer Ausdehnung dargestellt und gegeneinander abgesetzt. Verkleinerung auf 30%; dünnste Strichstärke 0,25 mm (Hinweisstriche); Verwendung von Kurvenlinealen für die gekrümmten Linien (Zeichnung Dr. G.-W. Guse. Dargestellt ist ein Sinnesorgan eines Krebses).

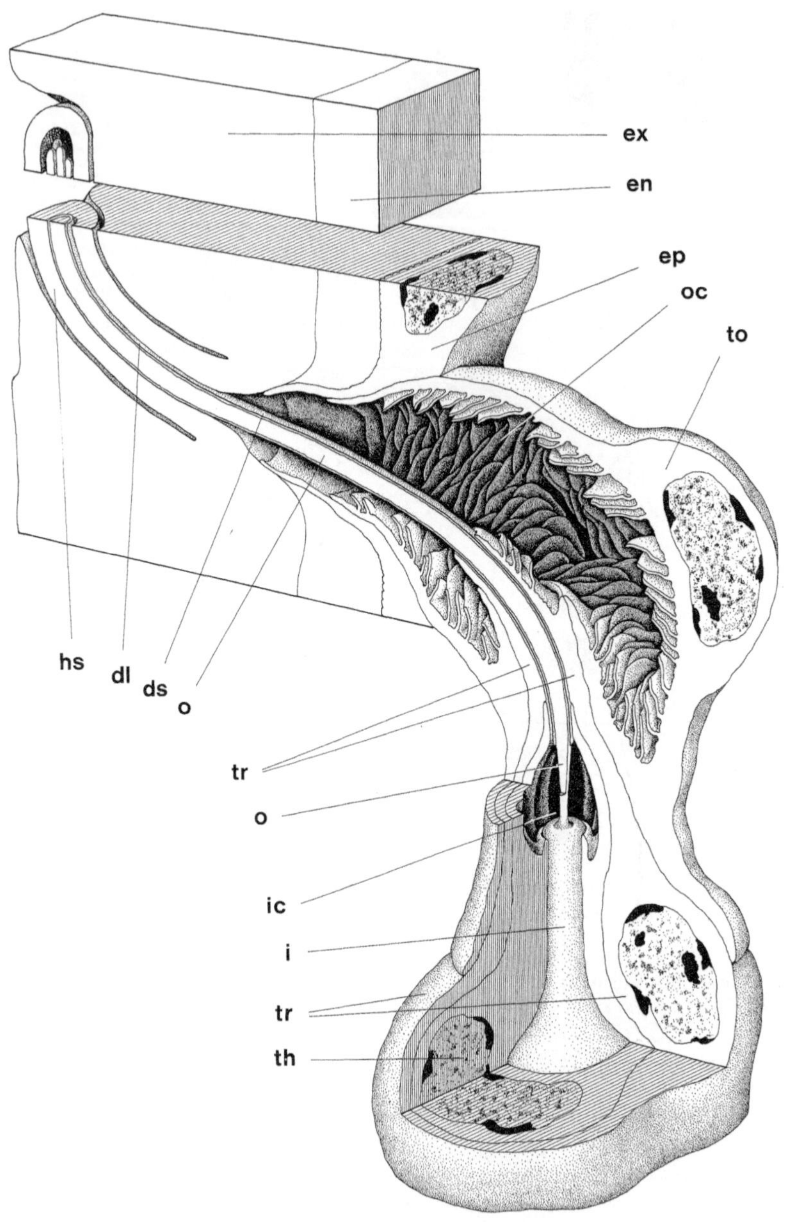

Abb. 20: Beispiel für die Verwendung von Linienrasterfolien. Dadurch, daß die natürlichen Oberflächen der Zellen mit der Hand punktiert sind, bieten Linienraster an den künstlich entstandenen Schnittflächen hier einen besseren Kontrast als Punktraster. Verkleinerung auf 30%; Punktierung mit 0,5 mm; dünnste Strichstärke 0,35 mm; Kurven aus der Hand gezeichnet (Sinnesorgan eines Käfers).

Punktmuster und parallele Linien verschiedener Stärke zu gebrauchen. Die Folien können wegen der Regelmäßigkeit ihrer Strukturen natürlich nicht für die Darstellung von fließenden Grautonübergängen benutzt werden. Sie sind aber – gerade durch ihre Starrheit – unentbehrlich für die gleichmäßige Tönung von Schnittflächen in schematischen Darstellungen oder etwa zur Markierung von Verbreitungsarealen auf Landkarten.

Abb. 19 zeigt ein Beispiel für die Verwendung verschiedener Punktraster in einem Zellschema. Hier sollen mehrere Zellen in ihrer Ausdehnung gekennzeichnet und gegeneinander abgesetzt werden. Das gelingt leicht und übersichtlich, indem jede Zelle mit einem spezifischen Muster beklebt wird. Gleiche Zellen erhalten in allen Teilbildern auch gleiche Muster (man beachte die rechts angebrachten Querschnitte).

In der räumlichen Rekonstruktion des Sensillums in der Abb. 20 treten Schnittflächen dadurch auf, daß das dargestellte Organ in verschiedenen Ebenen angeschnitten ist. Da die Oberflächen der Zellen punktiert sind, ist es hier vorteilhafter, an den Schnittflächen (vor allem den für die Bildaussage weniger wichtigen) diesmal Linienraster zu verwenden. So setzt man die einzelnen Schnittebenen voneinander ab und erhält zusätzlich einen ausreichenden Kontrast zur Oberflächenpunktierung.

Die Behandlung der Folien erfolgt in sehr einfacher Weise. Man schneidet ein Stück heraus, das etwas größer ist als die Fläche, die man bedecken will. Dann zieht man die Schutzschicht auf der Unterseite ab und klebt die Folie faltenlos von einer Seite her auf. Schließlich fährt man mit einer scharfen Klinge den Rand der Fläche nach und zieht die überstehenden Teile ab.

Im Handel sind auch Folien erhältlich, die man anreiben muß. Für unsere Zwecke (und besonders bei großen Flächen) sind sie nicht empfehlenswert, da sich die Folie beim Reiben leicht wellt, so daß die Regelmäßigkeit der Muster nicht erhalten bleibt.

2. Verwendung von «Runzelkornpapier» (Abb. 21)

Material: Beidseitig geprägtes Offsetdruckpapier (z. B. Typ MIRA von G. Schneider & Söhne KG, Ettlingen); Fettstift, tiefschwarz (z. B. Lidstrich-Stift aus der Kosmetik); Deckweiß und feiner Pinsel zum Ausbessern; Zeichenfeder und Tusche für die Konturen; Fixativ.

Beidseitig geprägtes Offsetdruckpapier («Runzelkornpapier») läßt sich in vielen Fällen, vor allem bei Habituszeichnungen verwenden. Man fährt mit einem tiefschwarzen Fettstift in Schraffiertechnik (s. 3. Übung) über das Papier und erfaßt so, je nach Stärke des Drucks, entweder nur die Scheitel oder auch tiefer liegende Teile der Papierrunzeln. Entsprechend löst sich die schraffierte Fläche allein durch die Struktur des Papiers in eine mehr oder weniger dichte Körnelung auf.

Das entstehende Bild hat demzufolge die Eigenschaften einer punktierten Zeichnung, obwohl es in Schraffiertechnik entsteht (vgl. Abb. 18 und 21). Vor allem ergibt sich die Möglichkeit, die Zeichnung mit Hilfe des Strichätzverfahrens zu drucken, ohne das zeitaufwendige Punktieren anwenden zu müssen.

Die Zeichnung wird – genau wie beim Punktieren – etwa 2fach größer angelegt als sie im Druck oder in der Fotografie erscheinen soll. Klare Konturen werden mit Zeichenfeder und Tusche ausgeführt. Lichtpunkte können mit Pinsel und Deckweiß aufgesetzt werden (z. B. an den basalen Aderteilen in Abb. 21). Im Gegensatz dazu verstärkt man sehr dunkle Tönungen zweckmäßigerweise durch zusätzliche Tuschepunkte (vgl.

Abb. 21: Vorderflügel vom Kleinen Fuchs, Aglais urticae; gezeichnet auf geprägtes Offsetdruckpapier. Oben Originalgröße, darunter Verkleinerungen auf ²/₃ und ¹/₂. Der Bildeindruck wird mit
fortschreitender Verkleinerung besser, da die Papierstruktur immer mehr verschwindet.

die drei Flecken am vorderen Flügelrand). Die Schattierung selber muß sehr sorgfältig
ausgeführt werden; auch hier ist es zweckmäßig, dauernd mit Hilfe des Verkleinerungs-
glases die Wirkung zu überprüfen.

Der Entwurf darf nur aus dünnen Bleistiftstrichen bestehen, da nach dem Auftragen
des Fettstifts nicht mehr radiert werden kann. Ebenso ist eine Korrektur der Tönung
zum Helleren hin unmöglich, so daß die Zeichnung sehr gut vorbereitet sein muß. Als
Schutz gegen Verschmieren muß man zum Schluß mit einem Fixativ übersprühen.

Weitere Hinweise s. Kraus (1968).

5. Übung: Verwendung von Farben

Farbige Darstellungen dienen entweder dazu, Naturobjekte naturgetreu abzubilden, oder man verwendet sie in Schemata zur instruktiven Markierung bestimmter Bildteile. Sie eignen sich auch zum Druck (siehe dazu Kapitel C), vor allem aber z. B. für Posterdemonstrationen oder Overheadfolien.

Wir sehen Farben in einem Bereich elektromagnetischer Wellen von ca. 400–800 nm Wellenlänge. Weißes Licht ist eine additive Mischung aller sichtbaren Wellenlängen. Man kann sie mittels eines Prismas in die Spektralfarben (physikalischen Farben) zerlegen, die dann linear von rot (langwellig) über gelb, grün nach blau (kurzwellig) gehen. Grundlage der Farbwahrnehmung, des Farbensehens, ist die Zusammensetzung unserer Retina aus vier verschiedenen Lichtsinneszellarten, einer, die schwarz-weiß perzipiert (Graustufen), den Stäbchen, und drei funktionell verschiedenen Zapfentypen, die für die Farbwahrnehmung verantwortlich sind. Diese drei unterscheiden sich dadurch, daß sie bei verschiedenen Wellenlängen ihr Erregungsmaximum haben: bei 450 nm = blau, bei 540 nm = gelbgrün und bei 560 nm = rot. Diese Farben werden empfunden, wenn vorwiegend die jeweils genannte Wellenlänge des Maximums geboten wird, z. B. durch Einschalten eines Farbfilters, welches nur monochromatisches Licht durchläßt. Meist werden mindestens zwei der Zapfentypen erregt. Je nach dem Anteil der Rezeptorentypen an der Gesamterregung entstehen bei der Farbwahrnehmung Mischfarben, die zwischen rot und gelb, sowie zwischen gelb und blau in etwa den sichtbaren Spektralfarben z. B. des Regenbogens entsprechen. Die gleichzeitige Erregung des Blau- und des Rotrezeptors wird als Violett bis Purpur empfunden, es sind rein physiologische Farben.

Beim Malen werden Pigmentfarben verwendet. Das Pigment absorbiert Licht bestimmter Wellenlänge, anderes wird reflektiert und dadurch sichtbar. Nimmt man Schritt für Schritt durch Pigmentmischung alle Farben weg, führt dies am Ende zu Schwarz. Im Zwischenbereich können Kombinationen auftreten, die wir als Brauntöne empfinden, z. B. zwischen Grün, Rot und Schwarz.

Wir verwenden für unsere Übung Wasserfarben (s. Kap. A). Die Technik ist bei der Anwendung von Aquarellfarben etwas anders als bei Deckfarben. Das hängt damit zusammen, daß bei der Überdeckung eines Aquarellfarbtons mit einem anderen (natürlich nach dem Trocknen) der untere durchscheint. Eine Mischfarbe ist die Folge. Man kann dies durch Beimischen von Deckweiß («Stoßen») vermeiden. Das Gleiche leisten sogenannte Deckfarben. Bei beiden Farbarten legt man zunächst die hellen Flächen an und läßt Weiß frei. Erst danach trägt man nach und nach dunklere Töne auf. In unserer Übung verwenden wir neben Weiß und Schwarz die drei «Grundfarben» Rot, Gelb und Blau in einer Tönung, wie sie in etwa im Farbdruck benutzt werden (Farbbild 3 und Kap. C). Natürlich kann man auch beliebige im Handel erhältliche Zwischenfarben einsetzen. Nicht jede derartige Mischfarbe läßt sich aber im Druck originalgetreu wiedergeben.

Aufgabe: Ziel der Übung ist eine in den Farben möglichst naturgetreue Wiedergabe eines bunten Objektes. Es haben sich bunte Herbstblätter und Schmetterlinge gut bewährt. Besprochen wird ein Schwalbenschwanz als Beispiel (Farbbild 3).

Material: Deckfarben (Plakafarbe oder Gouache) in den Farben Rot, Gelb und Blau, Schwarz und Weiß; vier Schälchen zum Anmischen (am besten runde weiße Porzellanschälchen mit 5 cm ∅); ein Glas mit Wasser; ein dicker (Nr. 5) und ein feiner Pinsel (Nr. 1–2); ein Leinenläppchen oder Papiertaschentuch zum Trocknen des Pinsels; ein Zeichenbrett.

Vorübung: Farbmischung und Anlegen einer gleichmäßigen Farbfläche. Wir befestigen den Zeichenkarton auf dem Zeichenbrett (Reißnägel, Klebestreifen). Dann bringen wir aus der Tube oder dem Glas jeweils eine kleine Menge der Farben in eines der Schälchen. In einem noch freien Schälchen wird dann die gewünschte Farbe angemischt. Man bringt zunächst eine für die Fläche ausreichende Menge Wasser mit dem dicken Pinsel aus dem Wasserglas hinein. Wird z. B. grüne Farbe gewünscht, nimmt man Gelb und Blau. In Farbbild 1 sind mit einem Farbendreieck die Mischtöne Grün, Orange und Violett mit den hier benutzten Farben und mit der gleichen Methode ausgeführt, die hier beschrieben ist, Brauntöne gesondert daneben. Die gemischte Farbe wird mit dem Pinsel auf der gleichen Fläche aufgetragen, um die richtige Wirkung prüfen zu können. Hat man den gewünschten Farbton, geht man vor wie in Farbbild 2 dargestellt. Zunächst bringt man auf dem 10°–30° schräg gestellten Zeichenbrett mit dem vollen Pinsel (5) einen reichlichen Strich Farblösung an den oberen Rand der zu bemalenden Fläche. Dann zieht man diese Farbe mit dem Pinsel in dicht nebeneinander geführten Strichen über die Fläche zum unteren Rand. Dort angekommen, trocknet man den Pinsel und saugt mit ihm die überschüssige Farbe ab. Das Brett wird bei der Ausführung so schräg gestellt, daß die Farbe nicht selbst über die Fläche nach unten läuft. Die Farbmischung darf nicht zu dick sein, weil sie dann schlecht läuft. Die Fläche wird wolkig (s. Farbbild 2, violette Fläche). Die Übung wiederholt man mehrmals.

Ausführung der Aufgabe (Farbbild 3): Zunächst wird wie in den Übungen 1–4 eine Bleistiftskizze hergestellt. Die Bleistiftstriche, welche die Konturen, Adern und Farbmuster kennzeichnen, werden leicht abradiert, so daß sie noch eben gut zu sehen sind. Ein Radieren ist nach der Fertigstellung des Farbbildes nicht mehr ratsam. Dann prüft man die Vorlage bezüglich der auf der Gesamtfläche vorwiegend auftretenden hellen Farbe vor allem auch im Hinblick darauf, ob dunklere Musterteile darübergemalt werden können oder nicht. Bei dem Schwalbenschwanz ist dies ein helles Gelb. Um den Farbton richtig herzustellen, wird man etwas Weiß und eine Spur Rot zugeben müssen. Die braunschwarzen Töne kann man darüber malen. Später rot und hellblau werdende Muster läßt man zunächst frei. In Farbbild 1 ist der Gang dieser Ausführung Schritt für Schritt angegeben.

Nachdem man das Gelb angemischt hat, verfährt man wie in der Vorübung. Dabei legt man den Karton so auf das Brett, daß beim Herunterziehen der Farbe – auf jedem Flügel für sich – die ganze Fläche erfaßt wird, d. h., daß nicht nachträglich ergänzt werden muß. Die blauen und roten Muster bleiben frei. Jetzt mischt man die dunkleren Farbtöne an. Sind sie bräunlich, nimmt man Rot, Gelb und wenig Blau mit sehr wenig Schwarz und probiert solange auf einem gesonderten Karton, bis man den richtigen Ton hat. Man wird im folgenden mit dem feinen Pinsel weiterarbeiten müssen. Dunkle Stellen erscheinen bei diesem Schmetterling punktiert, weil sie durch mehr oder weniger zahlreiche schwarze Schuppen erzeugt werden. Man kann daher auch mit Feder und Tusche arbeiten. Das ist vor allem dann nützlich, wenn man abschließend die Adern deutlicher hervorheben will. Natürlich kann man ebenso gut den Pinsel und schwarze Farbe nehmen. Der rote Fleck hat eine etwas nach Braun gehende Färbung. Man versucht die Mischung mit einer Spur Schwarz und ganz wenig Gelb. (In Farbbild 3 ist das Rot über die Grundfarbe Gelb aufgetragen.) Die blauen Flecken am Rand sind mit schwarzen Punkten durchsetzt, die nachträglich mit der Feder angebracht sind. Die fertige Darstellung wird mit Fixativ besprüht.

In ähnlicher Weise geht man bei der Darstellung des Laubblattes vor (Farbbild 4).

Anhang: Für die Ausführung farbiger Strich-Schemata oder Kurven stehen farbige Tuschen zur Verfügung, die man z.B. in Tuschefüllern verwenden kann. Für Flächen in Schemata gibt es auch Farbfolien, die man aufklebt. Bei der Farbauswahl muß man die Farbwirkung auf den Betrachter berücksichtigen; z.B. ist ein helles Zinnoberrot oder auch ein Gelbgrün auffallend. Die Markierung von Flächen in der Art wie in der 4. Übung (Abb. 19) mit Farben ist instruktiver als diejenige durch Rasterfolien (z.B. für Posterdemonstrationen). Allerdings wird man im Falle des Drucks häufig darauf verzichten müssen, weil der Vierfarbendruck sehr kostspielig ist.

Farbbild 1: Farbendreieck. In der Überschneidung der in der Übung eingesetzten Grundfarben die Mischfarben Grün, Orange und Violett. Die violette Fläche infolge fehlerhaften zu dicken Anmischens wolkig. Daneben verschiedene Brauntöne.

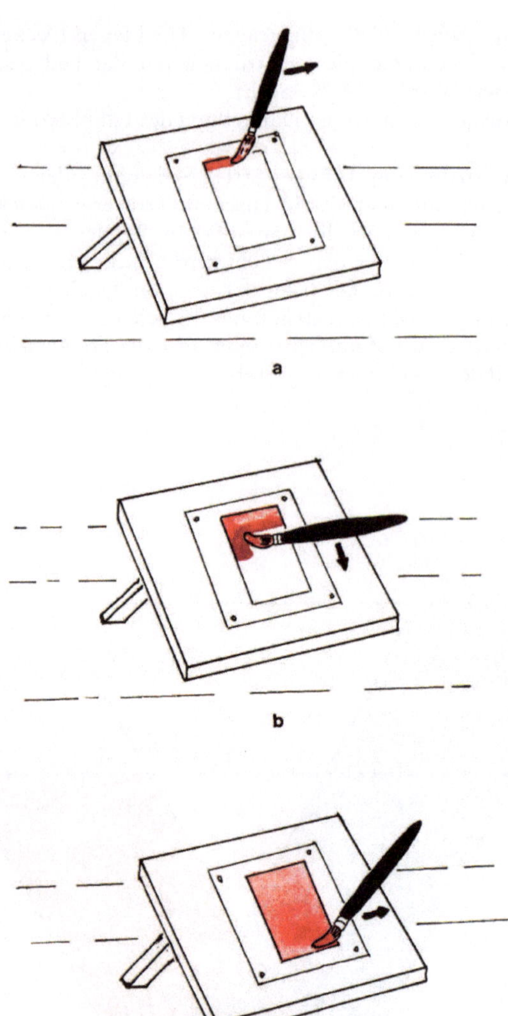

Farbbild 2: Anlegen einer gleichmäßigen Farbfläche.

Farbbild 3: Die Abbildung zeigt die verschiedenen Stufen der Fertigstellung eines farbigen Schmetterlingsbildes (Schwalbenschwanz, Original Ingrid Schuster). Begonnen wird mit der hellsten Grundfarbe, dem Gelb (Pfeil 1). Flächen, die andere helle Farben tragen sollen, bleiben zunächst ausgespart (blaue Tupfen, Pfeil 2). Dunklere Farbmuster (rote Flecken) können auf die Grundfarbe aufgetragen werden. Die schwarzen Muster werden in Tusche punktiert (Beginn bei Pfeil 3). Linke Bildhälfte: Die nach vorne zeigenden Pfeile weisen auf fertig punktierte Flächen hin, die nach hinten weisenden Pfeile auf im Entstehen begriffene Teile. Darunter die Grundfarben des Vierfarbendrucks.

Farbbild 4: Herbstblatt (Original Jutta Tröster).

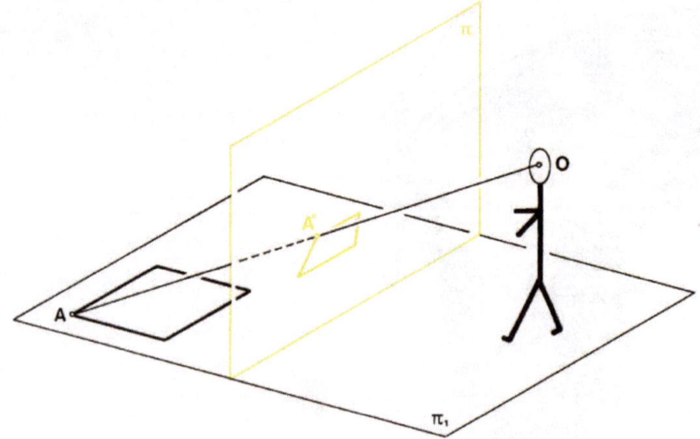

Farbbild 5: Illustration des Abbildungsvorgangs bei der perspektivischen Darstellung. Einzelheiten s. Text (S. 37).

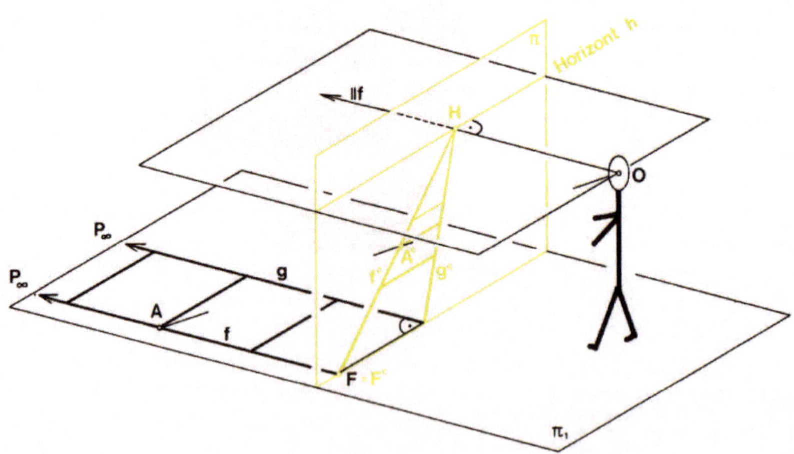

Farbbild 6: Illustration der perspektivischen Abbildung zweier paralleler Geraden. Einzelheiten s. Text (S. 37).

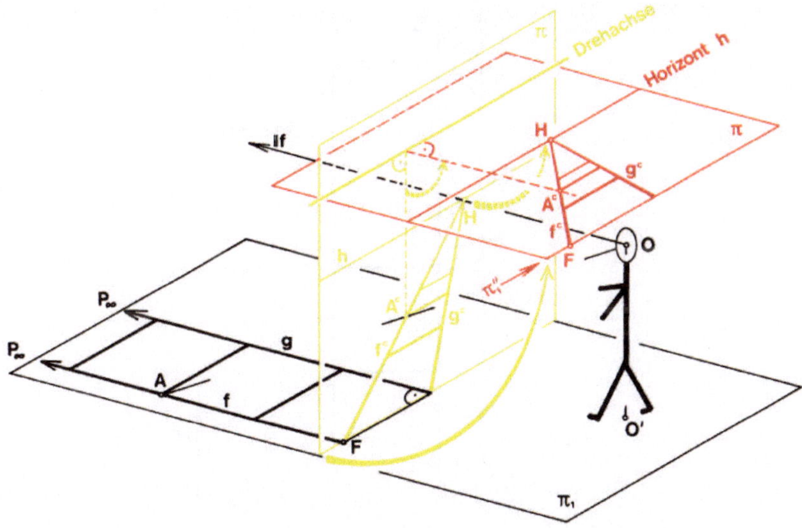

Farbbild 7: Illustration der Konstruktion einer perspektivischen Abbildung. Dargestellt ist dieselbe Situation wie in Farbbild 6; zusätzlich ist jedoch die Bildebene π in eine waagrechte (rote) Lage gedreht. Bei der Konstruktion des Bildes wird diese Anordnung im Grundriß (also senkrecht von oben betrachtet (vgl. Farbbild 8). Weitere Einzelheiten s. Text (S. 38).

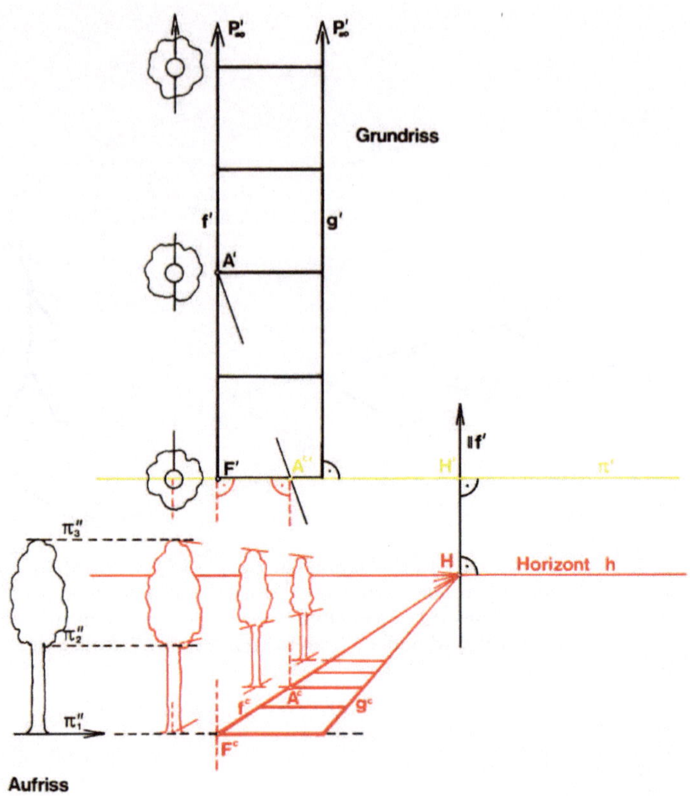

Farbbild 8: Konstruktion eines perspektivischen Bildes. Die Abbildung ist als Grundriß der in Farbbild 7 gezeigten Situation aufzufassen (also Farbbild 7 in der Ansicht von oben), ergänzt durch ein paar Bäume. Weitere Einzelheiten s. Text (S. 39).

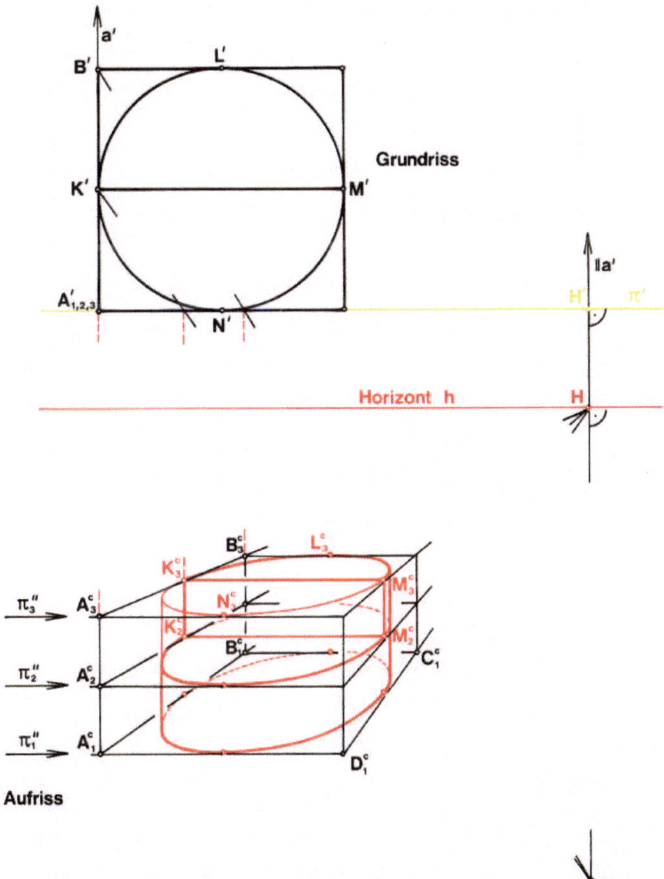

Farbbild 9: Konstruktion eines senkrechten, kreisförmigen Zylinders mit Hilfe des umschriebenen Quaders (Lösung von Aufgabe 2). Der Zylinder ist vorn-oben angeschnitten. Aus Platzmangel ist der Abstand d zwischen O' und π' zu klein gewählt. Daher ergibt sich die starke Verzerrung des Bildes. Erst bei d = 30 cm (besser 40 cm) wäre die Forderung erfüllt, daß sich das Bild des Objekts innerhalb eines Kreises mit dem Radius d/2 um H befindet (s. S. 46).

33

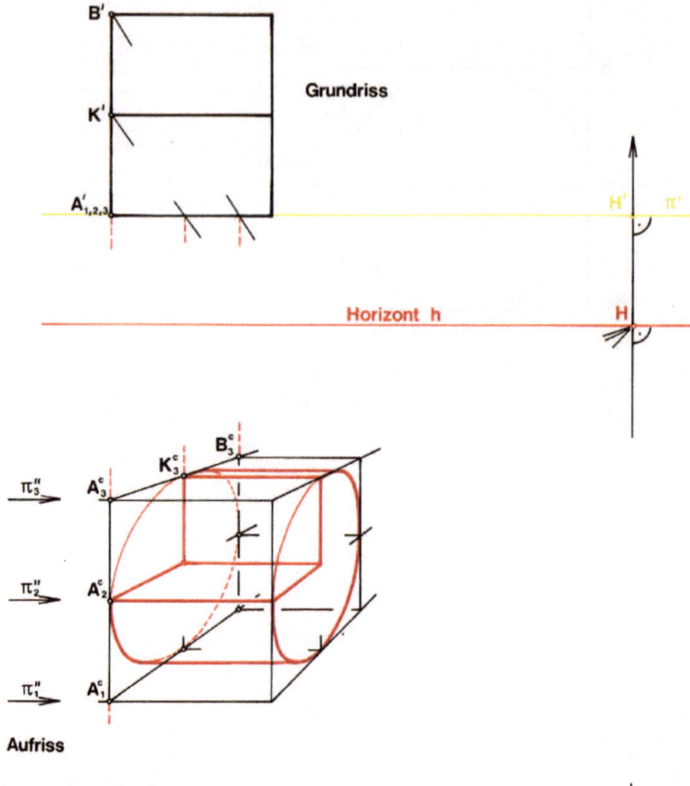

Farbbild 10: Konstruktion eines waagrechten, kreisförmigen Zylinders mit Hilfe des umschriebenen Quadrats (Lösung von Aufgabe 3). Der Zylinder ist vorn-oben aufgeschnitten. Bezüglich der Lage des Projektionszentrums o gilt dasselbe wie in Farbbild 9.

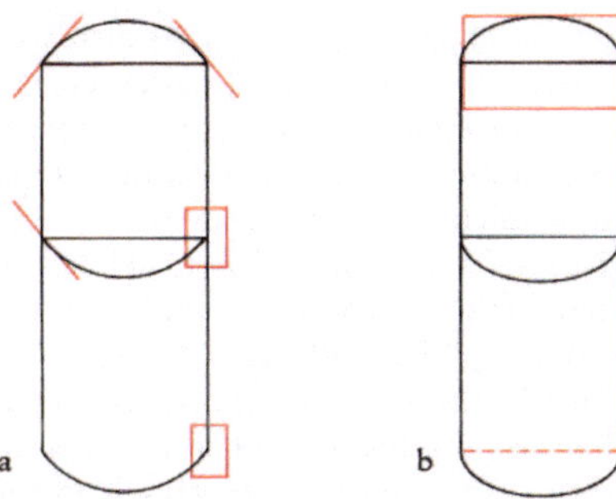

Farbbild 11: a) Schema eines Pflanzenstiels (vgl. Abb. 22). Die eingezeichneten Tangenten müßten entweder einen gemeinsamen Fluchtpunkt haben (perspektivische Darstellung) oder parallel sein (Parallelprojektion). Die Rechteckmarkierungen weisen auf Fehler hin, die mit der falschen Tangentenanordnung zusammenhängen: wegen des oberen Fehlers vgl. Farbbild 9, M_2 (S. 33); wegen des unteren Fehlers vgl. Abb. 27, M_1 (S. 43).
b) So müßte das in a) gezeigte Schema aussehen, wenn man eine Frontalansicht in Parallelprojektion wünscht. Die Anschnittflächen sind Halbkreise; sie werden also im Bild zu Halbellipsen. In der oberen Anschnittebene ist das Bild des umschreibenden Quadrats rot eingezeichnet. Beachte die glatten Übergänge von Ellipse zu Mantelrandlinie (auch im unteren Anschnitt und in der Bodenebene!).

III. Darstellung räumlicher Strukturen – Konstruktive Verfahren

Für die Abbildung räumlicher Strukturen gibt es verschiedene Methoden, von denen hier die Zentral- und die Parallelprojektion vorgestellt werden.

Beide Methoden erzeugen durchaus verschiedene Bilder, was denjenigen erstaunen wird, der nur eine, eben die «richtige» Abbildung erwartet. In Wahrheit bleiben, je nach der gewählten Methode, bei der Reduktion eines räumlichen Objekts auf die Zeichenebene bestimmte Eigenschaften des Originals erhalten, andere gehen verloren.

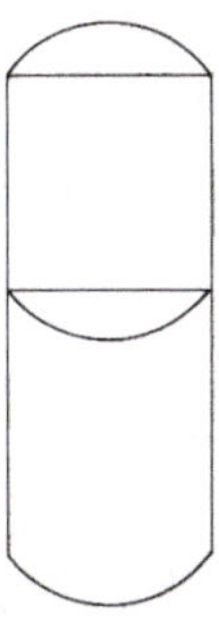

Abb. 22: Schematische Darstellung eines Pflanzenstiels (aus einem Lehrbuch entnommen, jedoch ohne die eingezeichneten Leitbündel). Die Zeichnung enthält häufig auftretende Fehler (vgl. Farbbild 11.

Ohne genauere Kenntnis der Gesetzmäßigkeiten ist es also weder möglich, eine Abbildung auszuführen, noch ein gegebenes Bild richtig zu deuten.

Auf bestimmte Fehler in der Darstellung reagiert man zwar sehr empfindlich – etwa, wenn leicht durchschaubare Symmetrieeigenschaften des Objekts nicht richtig wiedergegeben sind. Aber man darf nicht hoffen, diese Fehler schon deshalb bei eigenen Zeichnungen auch vermeiden zu können. Als Beispiel betrachte man Abb. 22 und versuche, die sofort spürbaren Fehler dieser aus einem Lehrbuch übernommenen Zeichnung zu verbessern! (Zur Lösung vgl. Farbbild 11 b, S. 35.)

Die Schwierigkeiten bei der Deutung einer Abbildung werden in den Abbildungen 23 a und b demonstriert. Hier ist derselbe Körper in Zentral- und in Parallelprojektion dargestellt. Der Vergleich zeigt, daß man die Unterschiede in den Zeichnungen nur dann als abbildungsbedingt erkennen kann, wenn man die Bilder entsprechend ihrer Entstehungsart interpretiert.

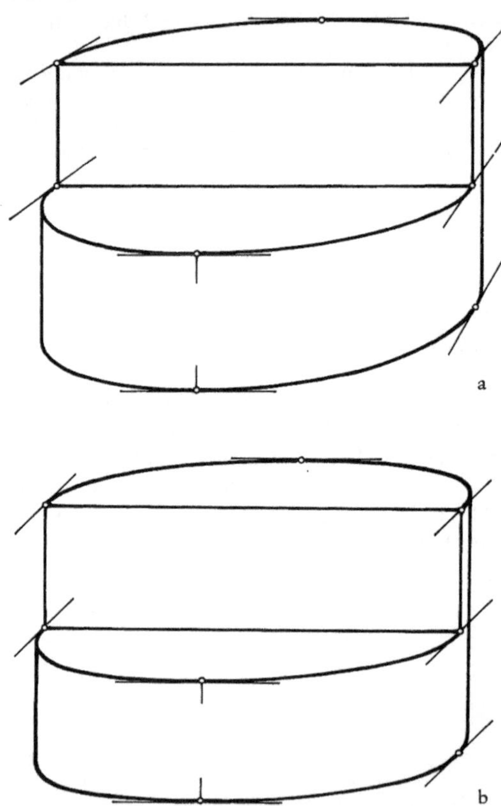

Abb. 23: Darstellungen desselben Körpers (aufgeschnittener Zylinder mit kreisförmigem Querschnitt), jedoch in verschiedenen Projektionsarten. a) Zentralprojektion (= Perspektive); d = 34 cm. b) Parallelprojektion. Einige Tangenten, deren Richtung für den Kurvenverlauf von entscheidender Bedeutung ist, sind eingezeichnet. In a) treffen sich alle nach hinten verlaufenden Tangenten in einem Punkt (Fluchtgeraden), in b) sind sie zueinander parallel. Weitere Einzelheiten s. Text.

Um einen ersten Einblick in die Gesetzmäßigkeiten von Abbildungen zu bekommen, sollen zunächst die Bilder einfacher geometrischer Körper wie Quader und Zylinder konstruiert werden. Man darf sich nicht davon abschrecken lassen, daß dabei mit Zirkel und Lineal gearbeitet wird. Darstellungsprinzipien lassen sich nur an künstlichen geometrischen Figuren erkennen, und entsprechend ist auch ein wenig Mathematik – anschauliche Mathematik, wie wir hoffen – nötig. Auf diese Weise gewinnt man einige Grundbegriffe der zeichnerischen Darstellung, deren Kenntnis für eine Vielzahl wissenschaftlicher Abbildungen notwendig ist.

Eine kleine Auswahl an Möglichkeiten, wie man das Erlernte an komplizierten natürlichen Objekten anwenden kann, wird anschließend geboten. Wir hoffen, daß der Leser darüber hinaus durch die Lektüre der theoretischen Erörterungen in den Übungen 6 und 7 in die Lage gesetzt wird, auch andere als die hier behandelten Darstellungsprobleme zu bewältigen.

In unseren Übungen soll besonders die Rekonstruktion eines räumlichen Objekts aus histologischen Schnittserien berücksichtigt werden. Hierbei tritt das Original (meist wegen seiner Kleinheit) als intakte Form gar nicht in Erscheinung und ist demzufolge auch nicht «abzeichenbar». Um so wichtiger ist es, wenn man sich grundlegende Abbildungsprinzipien vorher theoretisch erarbeitet hat.

6. Übung: Perspektive (= Zentralprojektion). Konstruktion der Bilder von einfachen geometrischen Körpern

Theoretische Überlegungen

Die Zentralprojektion ist dem natürlichen Sehvorgang nachempfunden. Aus Farbbild 5 (S. 30) kann man – ohne jedoch schon eine Handhabung für das eigentliche konstruktive Vorgehen zu erhalten – die Abbildungsvorschrift entnehmen. Das abzubildende Objekt (hier ein Quadrat in der Grundebene π_I, schwarz) soll auf die senkrechte Bildebene π (gelb) abgebildet werden.

Man kann sich vorstellen, daß ein Beobachter eines seiner Augen an den Ort des Projektionszentrums o bringt (auch «Augpunkt» genannt). Die Abbildungsvorschrift lautet: Ein Punkt A des Objekts (und ebenso jeder andere) wird auf die Bildebene π abgebildet, indem ein Projektionsstrahl («Sehstrahl») von o nach A gezogen wird; der Bildpunkt $A^{c\,\mathrm{I}}$ liegt dort, wo dieser Projektionsstrahl die Bildebene π durchstößt.

Entsprechend dieser Konstruktionsvorschrift entsteht auf der Bildebene π ein Bild, das dem auf der Retina «ähnlich» ist (in der Sprache der Geometrie). Demzufolge wirkt das Bild beim Betrachten dann «richtig», wenn es von o aus angeschaut wird.

Farbbild 6 (S. 30) zeigt wichtige Folgerungen, die sich sofort aus der Abbildungsvorschrift ergeben. Das darzustellende Objekt ist gegenüber der vorigen Abbildung zu einer hintereinander liegenden Reihe von Quadraten erweitert (man kann sich Bodenfliesen darunter vorstellen).

Das Folgende geht von der Tatsache aus, daß das Bild einer Geraden wieder eine Gerade ist und sich sehr leicht konstruieren läßt (vgl. Wunderlich 1967). Dies nutzt

---

1 Elemente der Bildebene π werden mit einem c als Index bezeichnet (z.B. ist A^c das Bild von A, f^c das Bild von f usw.).

man aus, indem man nicht einzelne Punkte des Objekts abzubilden versucht, sondern gleich die Bilder von ganzen Geraden konstruiert.

Betrachten wir in Farbbild 6 zunächst die Gerade f. Ihr Bild f^c läßt sich mit Hilfe von zwei besonders ausgewählten Punkten finden: Der erste ist der Schnittpunkt F von f mit π. Er ist nach der Konstruktionsvorschrift sein eigener Bildpunkt ($F = F^c$). Der zweite Punkt, dessen Bild man sucht, ist der Fernpunkt P_∞ von f (der «unendlich weit weg liegende» Punkt). Der Projektionsstrahl, der ihn mit o verbindet, verläuft parallel zu f ($\parallel$ f) und schneidet π im Bild des Fernpunktes.

Da in unserem Fall f senkrecht zu π ist (und mithin auch der Projektionsstrahl von o in Richtung Fernpunkt), hat das Bild des Fernpunkts einen besonderen Namen: er heißt «Hauptpunkt» H (eigentlich H^c).

Die Verbindungsgerade von F und H ist das Bild f^c der Geraden f.

Ganz entsprechend erhält man das Bild der anderen Begrenzungsgeraden g. Bemerkenswert ist hierbei, daß sich als Bild des Fernpunkts wieder H ergibt (man muß denselben Projektionsstrahl benutzen, da f und g parallel sind).

Die Bilder von f und g schneiden sich also in einem Punkt (H), und ebenso würden die Bilder aller weiteren, zu f parallelen Geraden durch H verlaufen. Man sagt, die Bilder aller zu f parallelen Geraden haben H als «Fluchtpunkt».

Betrachtet man eine Objektgerade, die zwar in der Bodenebene π_1 liegt, aber nicht senkrecht auf π steht, so schneidet der von o zum Fernpunkt verlaufende Projektionsstrahl die Bildebene π im Horizont h, jedoch nicht im Hauptpunkt H.

Konstruktion des Bildes: Farbbild 7 (S. 31) zeigt scheinbar eine weitere Komplizierung. In Wahrheit stellt es aber den ersten Schritt zu einer praktikablen Konstruktionsanleitung dar. Dargestellt ist dieselbe Situation wie in der vorigen Abbildung; jedoch ist zusätzlich die Bildebene π aus ihrer originalen (gelben) Lage um eine Drehachse in eine waagrechte (rote) Lage gedreht.

Diese Situation muß man sich vor Augen halten, wenn man das folgende Farbbild 8 (S. 32) betrachtet, das die Konstruktion eines perspektivischen Bildes zeigt. Im Grunde stellt diese Abbildung nichts anderes als den Grundriß[1] der in Farbbild 7 gezeigten Situation dar – sozusagen also in der Ansicht von oben. Wegen der einleuchtenderen Tiefenwirkung des entstehenden Bildes wurde die Plattenreihe durch ein paar Bäume ergänzt.

Jetzt wird verständlich, warum die Bildebene π in eine waagrechte (rote) Lage gedreht werden muß. Wenn die Gesamtsituation bei der Konstruktion des Bildes senkrecht von oben betrachtet wird, dann erscheint die Bildebene in ihrer originalen (gelben) Lage als Gerade. Das auf ihr entstehende Bild wird erst unverzerrt sichtbar, wenn man sie um 90° dreht.

Die Drehung der Bildebene π wird ausgeführt, indem man

1. den (roten) Horizont h und

2. den Aufriß (Seitenansicht) des Objekts

angibt.

Zu 1): Die Drehachse von π kann in jeder beliebigen Höhe angenommen werden, wenn sie nur waagrecht angeordnet ist. In der Konstruktionszeichnung kann man deshalb den gedrehten (roten) Horizont h in beliebiger Entfernung von π' (gelb) annehmen. Aus dem anschaulicheren Farbbild 7 ist dies sofort ersichtlich.

---

1 Alle Bezeichnungen bekommen, wenn sie im Grundriß erscheinen, einen Strich als Index (z. B. A', π').

Zu 2): Dadurch, daß man in Farbbild 8 das Objekt nur im Grundriß sieht, erhält man keine Information über seine Höhenanordnung (in unserem Fall über die Höhenlage der Grundebene π_1). Wie aus Farbbild 7 hervorgeht, ist diese Höhenlage natürlich abhängig von der Lage des (gelben) Horizonts h und muß daher auch in der Konstruktionszeichnung in der richtigen Entfernung vom (roten) Horizont h als Aufriß (π_1'') angegeben werden[1]. Entsprechend gibt man auch die Höhe der anderen vorkommenden Ebenen im Aufriß an, wie z. B. die Ebene durch die Spitze der Bäume (π_3'').

Bild einer Geraden: Nun endlich zur eigentlichen Konstruktion des Bildes (Farbbild 8, roter Teil). Wir betrachten zunächst wieder die Gerade f' und versuchen, ihr Bild f^c nach der oben (S. 38) angeführten Methode zu konstruieren. Die Bilder der beiden ausgezeichneten Punkte (Schnittpunkt F' mit π' und Fernpunkt P'_∞) entstehen zunächst in der originalen (gelben) Bildebene π' bei F' und H', denn F' ist sein eigener Bildpunkt, und der Projektionsstrahl von o' zu P'_∞ verläuft parallel zu f' (man vergleiche das anschaulichere Farbbild 7).

Nun wird die Bildebene π aus der originalen (gelben) Lage in die waagrechte (rote) Position gedreht. Dabei müssen sich beide Bildpunkte auf den gestrichelten (roten) Linien senkrecht zu π' bewegen. (Sie beschreiben in Wahrheit einen Kreisbogen, dessen Ebene senkrecht auf der Drehachse steht und der deshalb im Grundriß auf eine Strecke projiziert wird.) Der Punkt H bewegt sich bis zum vorgegebenen (roten) Horizont h, der Punkt F bis in Höhe der Grundebene π_1, die aus dem Aufriß (π_1'') ersichtlich ist. Das Bild f^c der Geraden f ergibt sich als Verbindungsgerade von F^c und H (rot).

Ganz entsprechend findet man auch das Bild von g' oder etwa das Bild der Geraden, die die Baumwipfel miteinander verbindet. Im letzteren Fall bewegt sich der Schnittpunkt mit π bei der Drehung der Bildebene natürlich nur bis in die Höhe der Ebene durch die Baumwipfel (π_3''). Immer jedoch ist der Hauptpunkt H (rot) das Bild des Fernpunkts, da alle vorkommenden Geraden parallel zu f sein sollen.

Bild eines Punktes: Wir müssen uns noch die Abbildung eines beliebigen Punktes auf der Geraden f überlegen (z. B. von A, Farbbild 8). Sie fällt jetzt, nachdem das Bild von f schon gefunden ist, sehr leicht. Der Punkt A erscheint im Grundriß als A'. Der zugehörige Projektionsstrahl von o' aus schneidet π' in $A^{c'}$. Dies ist der Bildpunkt in originaler (gelber) Lage. Dreht man nun die (gelbe) Bildebene π' in die waagrechte (rote) Lage, so bewegt sich $A^{c'}$ (ähnlich wie vorher F oder H) auf einer gestrichelten (roten) Linie senkrecht zu π' bis zum Bild f^c der Geraden f.

Diese einfache Konstruktion nutzt man möglichst oft aus. Man versucht nicht, sofort das Bild eines abzubildenden Punktes zu finden, sondern legt zunächst eine Gerade durch diesen Punkt, deren Bild man nach der obigen Methode findet. Erst dann konstruiert man das Bild des Punktes mit Hilfe des Geradenbildes.

Normalerweise wird es möglich sein, mit einer einzigen Geraden auf diese Weise gleich mehrere Bildpunkte zu finden. In Farbbild 8 etwa lassen sich alle Eckpunkte der Quadrate mit Hilfe von f konstruieren. Die Gerade g ist dazu nicht einmal nötig, da Parallele zur Bildebene im Bild wieder parallel sein müssen.

Aufgabe 1: Bild eines Kreises

Anhand der Aufgabe 1 (Abb. 24) sollte der Leser nun überprüfen, inwieweit der bisherige Text schon in anwendbares Wissen übersetzt werden kann. Man übertrage

---

[1] Elemente im Aufriß bekommen zwei Striche als Indices.

sich die hier vorgegebene Zeichnung auf DIN A 4-Format und versuche, das Bild des gegebenen Objekts zu konstruieren.

Wieder soll das Objekt ein in der Grundebene π_1 liegendes Quadrat («Bodenplatte») sein. Der eingezeichnete Kreis soll zunächst nicht beachtet werden. Die Bildebene ist im

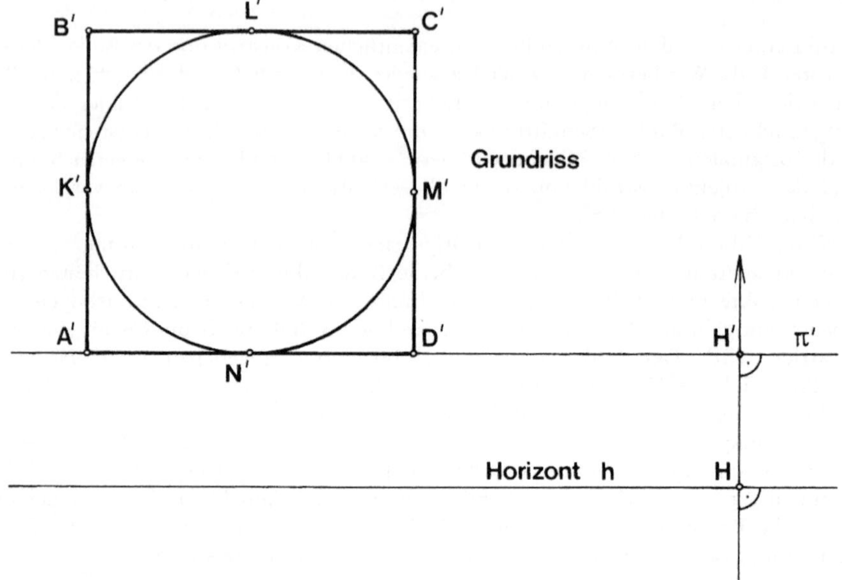

Abb. 24: Aufgabe 1. Das Objekt ist eine quadratische Fläche in der Bodenebene π_1, die einen Kreis umschreibt. Das perspektivische Bild beider Figuren soll konstruiert werden (Vergrößerung auf DIN A 3 oder 4!).

40

Grundriß angegeben (π'), ebenso das Projektionszentrum o'. Weiterhin sind die Lage des gedrehten Horizonts h und in Abhängigkeit davon die Höhe der Grundebene (π_1'') eingezeichnet. Hilfen zur Lösung s. S. 46.

Nun versuche man, das Bild des eingezeichneten Kreises herzustellen (nach den Gesetzen der Geometrie muß sich eine Ellipse ergeben). Mit Hilfe des umschriebenen Quadrats fällt dies sehr leicht, wenn man zwei Dinge beachtet: Die Berührungseigenschaft zwischen Kreis und Quadrat (z.B. in K') muß im Bild erhalten bleiben, und die Bilder der Quadratseiten müssen (genau wie die Originale) Tangenten an die Kurve sein.

Zunächst sucht man sich also die Bilder der Berührungspunkte K, L, M und N.

Das Bild K^c von K findet man wie oben (S. 39) beschrieben; das Bild M^c von M muß auf einer Mittelparallelen durch K^c liegen; N^c ist sein eigener Bildpunkt und daher wie A^c zu konstruieren; L^c schließlich liegt auf einer Fluchtgeraden durch N^c und H.

Anschließend zeichnet man kleine Stücke der Ellipse in der Umgebung von K^c, L^c, M^c und N^c (vgl. Abb. 25). Dabei nutzt man aus, daß die Viereckseiten in den genannten Punkten Tangenten an die Ellipse sein müssen. Man achtet also darauf, in diesen Punkten keine Knicke entstehen zu lassen. Vor allem die Umgebungen von K^c und M^c sind heikle Stellen, an denen man zu direkt von einem Berührungspunkt zum nächsten gelangen will. Die Ellipse greift jedoch von K^c aus noch weiter nach links, und Entsprechendes gilt für die gegenüberliegende Seite.

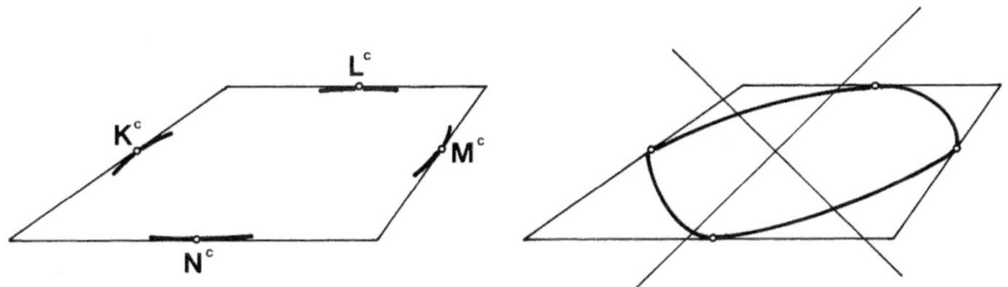

Abb. 25: Abbildung eines Kreises (zu Aufgabe 1). Die Zeichnung demonstriert das Einzeichnen der Bildellipse in das Bild des umschreibenden Quadrats. Die häufigsten Fehler bei der Abbildung eines Kreises bestehen darin, daß entweder die Bildkurve nicht als exakte Ellipse gezeichnet wird, oder aber die Richtung der Tangenten an die Ellipse nicht stimmt (besonders in der Umgebung der Berührungspunkte K und M mit dem umschreibenden Viereck!).

Will man bei der Konstruktion sicher gehen, so kann man sich noch weitere Punkte des Kreises als Hilfspunkte abbilden. Insbesondere bieten sich die Schnittpunkte des Kreises mit den Diagonalen des Quadrats an. Die Bilder dieser Diagonalen sind die Diagonalen im Bildviereck; die Bildpunkte findet man nach S. 39.

Das fertige Ergebnis ist in Farbbild 9 (S. 33) als Bodenebene π_1 mit den Bildpunkten A_1^c bis D_1^c zu finden.

Anmerkung: Die Hauptachse der Ellipse verläuft meist nicht in derselben Richtung wie eine der Diagonalen des umschriebenen Vierecks.

Einfluß der Lage des Projektionszentrums o auf das Bild:

Anhand der Aufgabe 1 kann man mit viel Gewinn ausprobieren (oder überlegen), wie sich das Bild ändert, wenn das Projektionszentrum o in einer waagrechten Ebene bewegt wird. Hierdurch ergeben sich ganz entscheidende Richtlinien für die Anlage eines perspektivischen Bildes. Hinweise zur Lösung s. S. 46.

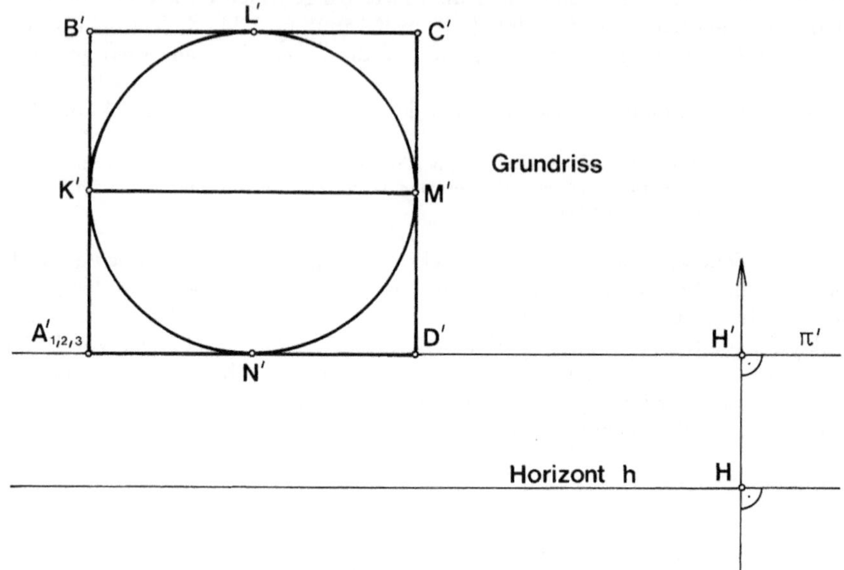

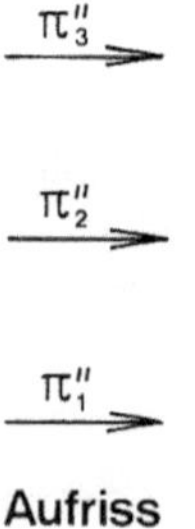

Abb. 26: Aufgabe 2. Das Objekt ist ein Quader, in dem ein kreisförmiger Zylinder steht. Die Bilder von Quader und Zylinder sollen konstruiert werden; der Zylinder soll vorn-oben aufgeschnitten werden (Vergrößerung auf DIN A 3 oder 4!).

Aufgabe 2: Bild von Quader und Zylinder

Bei der Lösung von Aufgabe 2 (Abb. 26) kann man studieren, wie sich das Bild ändert, wenn die Höhe der Grundebene in bezug zum (gedrehten) Horizont h variiert wird. Das Objekt hat denselben Grundriß wie in Aufgabe 1. Es soll diesmal aber ein senkrecht stehender Zylinder mit umschreibendem Quader sein. Die Bodenfläche soll sich in Höhe von π_1'' befinden (mit den Punkten A_1 bis D_1 als Eckpunkten des Vierecks), die Deckfläche in Höhe von π_3'' (entsprechend mit den Eckpunkten A_3 bis D_3).

Man konstruiere zunächst den umschreibenden Quader, anschließend den eingeschlossenen Zylinder.

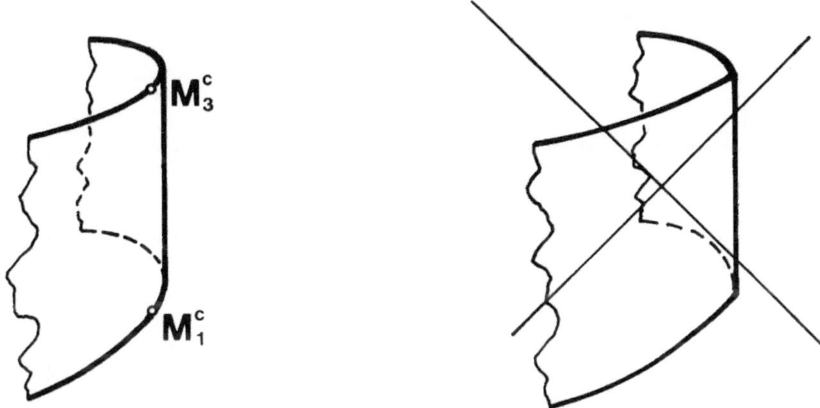

Abb. 27: Abbildung eines Zylinders (zu Aufgabe 2). Die Zeichnung demonstriert die Anschlußstellen der Mantelrandlinie an die untere und obere Schnittkurve. Häufig sieht man den Fehler, daß die Schnittkurven (besonders die untere!) beim Übergang zur Randlinie einen Knick aufweisen (vgl. Abb. 22).

Beim Zeichnen des Zylinders sollte man besonders auf die Stellen achten, an denen die seitliche Begrenzungslinie des Mantels in die Kurven von Deck- und Bodenfläche übergeht (vgl. Abb. 27). Da die Mantellinie Tangente an beide Kurven ist, muß der Übergang jeweils fließend sein, d.h. es darf sich kein Knick bilden. Dies gilt ausnahmslos für alle Projektionsarten und für jede Art und Lage der Querschnittkurve (vgl. Abb. 23, 31; Farbbild 10, 11). Wenn man die Abbildungen von Lehrbüchern aufmerksam studiert, wird man in dieser Beziehung häufig Fehler entdecken. Weitere Hinweise zur Konstruktion s. S. 46.

Nun versuche man, den Zylinder vorn-oben aufzuschneiden. Man führe einen Schnitt senkrecht durch K_3^c und M_3^c sowie einen zweiten waagrecht in der Ebene π_2. Der vorn-oben vom Zylinder abgetrennte Teil soll entfernt und der Restkörper dargestellt werden. Hinweise zur Lösung s. S. 46.

Farbbild 9 (S. 33) zeigt (im roten Teil) dick umrandet den aufgeschnittenen Zylinder, dünn ausgeführt die weggefallenen bzw. unsichtbaren Teile sowie (der Übersichtlichkeit wegen schwarz gezeichnet) den umschriebenen Quader. Man beachte vor allem den Verlauf der Kurven in der Gegend der Berührungspunkte mit den umschriebenen Vierecken (z.B. bei K_2^c, K_3^c, M_2^c und M_3^c)! Alle nach hinten verlaufenden Seiten der Vierecke sind im Original parallel und daher im Bild Fluchtgeraden mit demselben

Fluchtpunkt, in diesem Fall H (rot). Abb. 23 a (S. 36) zeigt dies noch einmal, indem die entscheidenden Tangenten angedeutet sind. Außerdem wurde hier eine bessere Projektionsanordnung gewählt (d = 30 cm; vgl. Bemerkungen über die Lage des Projektionszentrums, S. 46).

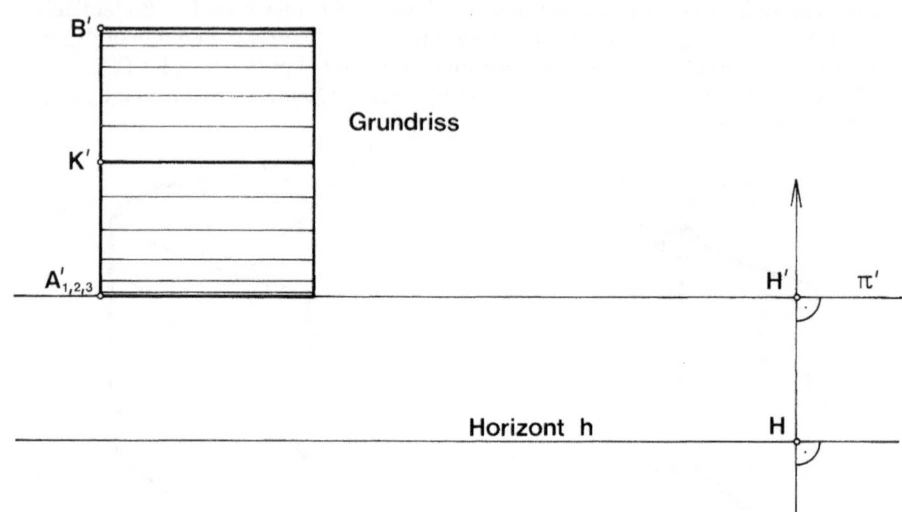

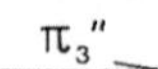

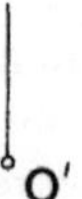

Abb. 28: Aufgabe 3. Das Objekt ist ein Quader, in dem ein kreisförmiger Zylinder liegt (Längsachse parallel zu π'). Die Bilder von Quader und Zylinder sollen konstruiert werden; der Zylinder soll vorn-oben aufgeschnitten werden (Vergrößerung auf DIN A 3 oder 4!).

44

Farbbild 11a (S. 35) greift in diesem Zusammenhang nochmals das Bild aus Abb. 22 auf und demonstriert den Fehler in dieser Zeichnung anhand der Lage der entsprechenden Tangenten, die hier nicht auf einen Fluchtpunkt zulaufen (und auch nicht parallel sind; vgl. 7. Übung).

In **Aufgabe 3** (Abb. 28) soll das Bild eines liegenden Zylinders (Achse parallel zu π') mit kreisförmigem Querschnitt konstruiert werden. Auch hier kann man anschließend versuchen, den Zylinder – ähnlich wie in Aufgabe 2 – anzuschneiden. Die Lösung von Aufgabe 3 ist aus Farbbild 10 (S. 34) ersichtlich.

Erster Ausblick auf Anwendungen (vgl. auch 7. Übung)

Für manchen Leser mag es ungewohnt und damit nicht problemlos gewesen sein, den obigen Überlegungen zur exakten Abbildung von regelmäßigen geometrischen Körpern zu folgen. Andererseits wird man festgestellt haben, daß das Konstruktionsverfahren[1] – wenn man nur einmal den Grundgedanken und einige wenige Gesetzmäßigkeiten verstanden hat – recht einfach auszuführen ist. Der einzige gewichtigere Nachteil besteht darin, daß das entstehende Bild sehr klein ist. Man benötigt also große Zeichenbögen (DIN A 2) und großes Gerät, oder man muß nachvergrößern.

Die Beschäftigung mit regelmäßigen geometrischen Körpern wird sich nicht nur für das Verständnis der Abbildungseigenschaften als nützlich erweisen. Eine ganze Reihe von Objekten – z. B. Antennen und Beine von Arthropoden, Wurmkörper, Blutgefäße, Röhrenknochen, aber auch Pflanzenstiele u. v. a. – kann man zwanglos in erster Näherung durch Zylinder wie die in Farbbild 9 und 10 behandelten ersetzen, so daß man sich ein erstes «Bildgerüst» herstellen kann. Die objektbedingten Unregelmäßigkeiten lassen sich problemlos nachträglich in das Bild einbringen. Abb. 34 (S. 56) kann man sich auf diese Weise entstanden denken (nur war hier die Projektionsart eine Parallelprojektion). Anhand dieser Abbildung wird auch deutlich, wie man Anschnitte in der Art von Farbbild 9 und 10 verwenden kann, um Details im Innern des dargestellten Objekts zu zeigen.

Für ganz unregelmäßige Objekte kann man sich mit einer Methode behelfen, die in der 7. Übung für die Parallelprojektion genauer beschrieben wird (vgl. Abb. 31, S. 52), die aber ohne weiteres auf die perspektivische Konstruktion übertragbar ist. Der Grundgedanke ist folgender: Man legt das Objekt in ein Raster aus regelmäßigen geometrischen Körpern (z. B. Würfel), bildet diese ab und zeichnet anhand des Bildrasters das Bild des Objekts. Dabei ist aber zu überdenken, ob der betriebene Aufwand lohnt. Unregelmäßig begrenzte Objekte lassen sich mit gleichem Effekt und weniger Mühe durch Parallelprojektion abbilden.

---

1 Es gibt eine ganze Reihe verschiedener Konstruktionsmethoden. Das hier beschriebene Verfahren heißt «Durchschnittsmethode», da die Projektionsstrahlen bei der Konstruktion mit der Bildebene zum Schnitt gebracht werden. Sie geht auf den Florentiner Architekten F. Brunellesco (1377–1446) zurück, wurde hier jedoch in der «Zweispurprinzip» genannten Abwandlung vorgeführt (so genannt wegen der Methode der Geradenabbildung, vgl. S. 39).

Hinweise zur Lösung der Aufgaben

Aufgabe 1

Entscheidend ist, daß man linke und rechte Seite des Quadrats jeweils zu einer Geraden ergänzt (z. B. $\overline{A'B'}$, vor allem über B' hinaus) und zunächst diese Geraden in ihrer Gesamtheit abbildet (nach S. 39). Dann findet man das Bild von Punkt B nach S. 39. Die hintere Begrenzung des Quadrats muß auch im Bild parallel zur vorderen verlaufen; diese liegt in Höhe von π_1''.

Das fertige Bild ist in Farbbild 9 (S. 33) als Bodenebene π_1 mit den Bildpunkten A_1^c bis D_1^c enthalten.

Abhängigkeit des Bildes von der Lage des Projektionszentrums o:

Das Bild (überprüfbar am Bild des Quadrats) wird um so verzerrter, je weiter seitlich o bezüglich des Objekts liegt. Als Richtmaß gilt: Wenn der Abstand von o' zu π' mit d bezeichnet wird, dann soll sich das Bild innerhalb eines Kreises mit dem Radius d/2 um H (rot) befinden (vgl. Abb. 29).

Weiterhin: Das Bild erscheint (entsprechend seiner Konstruktion) dann besonders «richtig», wenn der Abstand d mit dem Leseabstand des Betrachters übereinstimmt.

Man wählt also für normale Buchseiten z. B. mindestens $d = 30$ cm (im Entwurf entsprechend das Doppelte, wenn die Zeichnung im Druck auf die Hälfte verkleinert werden soll). Bei der Konzeption von Wandtafeln muß man einen Leseabstand von mehreren Metern einkalkulieren.

In den meisten Abbildungen dieses Buches ist d aus Platzmangel viel zu klein gewählt (das Projektionszentrum o und der Grundriß des Objekts sollten zu sehen sein).

Aufgabe 2: Konstruktion des senkrechten Zylinders

Man konstruiere zuerst wieder das Bild des umschreibenden Quadrats in der Bodenfläche π_1 mit den Eckpunkten A_1 bis D_1, dann die einbeschriebene Ellipse (wie Aufgabe 1). Anschließend führe man dieselbe Konstruktion in der Deckfläche π_3 aus. Man geht von demselben Grundriß aus, nur sind jetzt A_3 bis D_3 die Eckpunkte.

Das Bild A_3^c von A_3 bewegt sich beim Drehen der Bildebene in die Waagrechte auf derselben Geraden wie A_1^c (senkrecht zu π'), jedoch nur bis in Höhe von π_3''. Das Gleiche gilt für D_3^c. H (rot) ist Fluchtpunkt für alle nach hinten gehenden Kanten des Quaders. B_3^c und C_3^c bewegen sich entsprechend auf derselben Geraden wie B_1^c und C_1^c (senkrecht zu π'), jedoch natürlich nur bis zu den Bildern der oberen Quaderkanten.

Schließlich verbindet man beide Vierecke durch Senkrechte zum Bild des Quaders und beide Ellipsen durch die seitlichen Randlinien (auch sie müssen senkrecht sein; gemeinsame Tangenten!) zum Bild des Zylinders.

Bei der Ausführung wird man Verschiedenes feststellen:

1. Die Eckpunkte des Quaders liegen paarweise senkrecht übereinander, was sich schon durch die Konstruktion ergibt.

2. Beide Ellipsen sind untereinander in der Form verschieden. Auch die Richtung ihrer Hauptachsen ist unterschiedlich. Trotzdem haben sie nach rechts und links gleiche Ausdehnung (senkrechte Begrenzungslinien des Zylinders!).

3. Die seitlichen Begrenzungslinien des Zylinders verlaufen nicht durch die Berührungspunkte K^c und M^c von Ellipsen und umschriebenen Vierecken.

Das fertige Bild ersieht man aus Farbbild 9 (S. 33).

Aufschneiden des Zylinders (Aufgabe 2)

Zunächst konstruiert man mit dem gegebenen Grundriß ein Bild in Höhe der Ebene π_2''. Man kann sich vorstellen, der Zylinder sei durchsichtig und man zeichne eine Schnittfigur ein. Die entstehende Ellipse muß

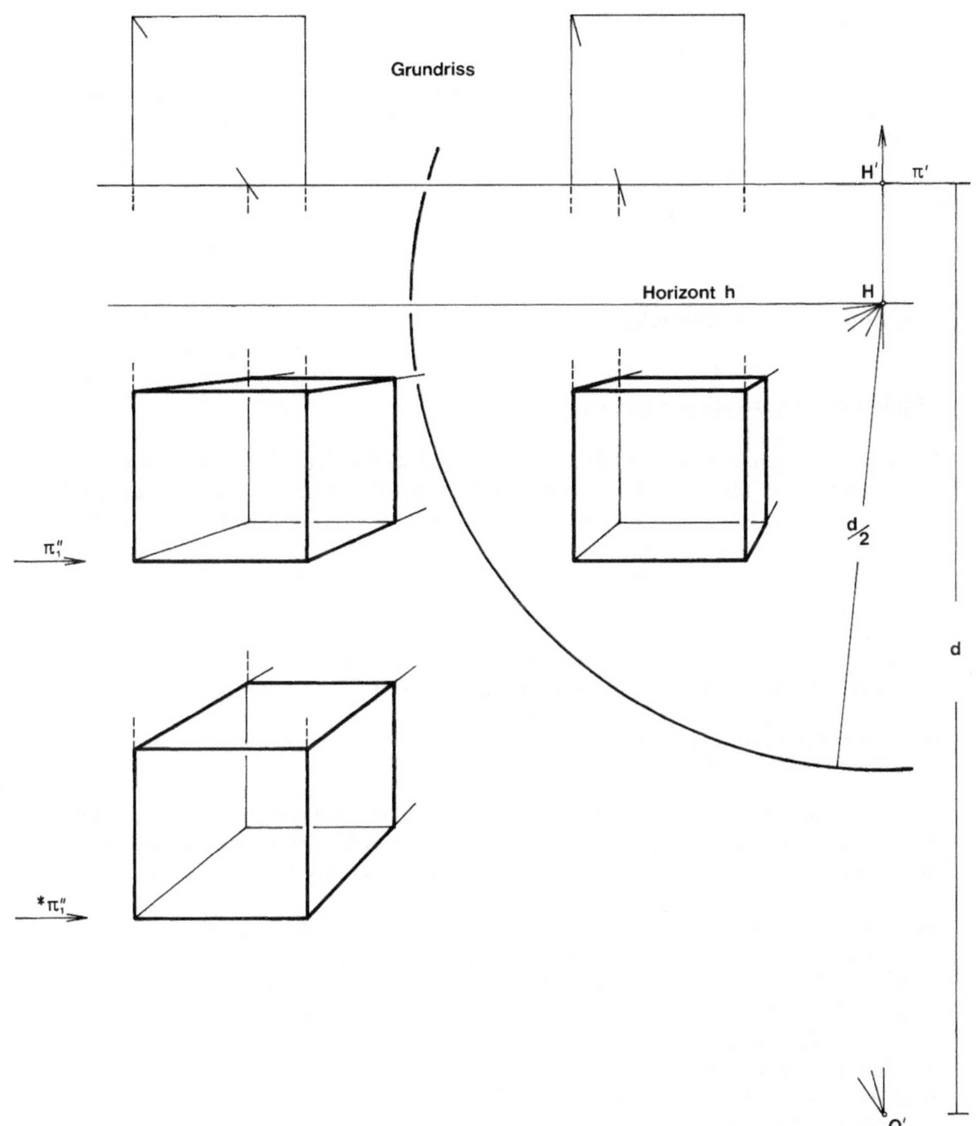

Abb. 29: Demonstration des Verzerrungsgrades im Bild. Als Regel gilt, daß sich das Bild innerhalb eines Kreises mit dem Radius d/2 um H befinden muß (rechtes Würfelbild). Starke Verzerrungen ergeben sich sowohl durch seitliches Verrücken des Objekts (linkes oberes Würfelbild) als auch durch zu starke Höhenunterschiede zwischen o und dem Objekt (linkes unteres Würfelbild).

die seitlichen Randlinien des Zylinders als Tangenten haben. Der senkrechte wie auch der waagrechte Schnitt führen jeweils bis K_2^c bzw. M_2^c, den seitlichen Berührungspunkten von mittlerer Ellipse und umgebendem Viereck (Farbbild 9, S. 33).

Beachte: Im oberen Teil des Körpers bleibt rechts ein Stück Außenwand sichtbar, während auf der anderen Seite die senkrechte Schnittlinie zwischen K_2^c und K_3^c weiter rechts liegt als die Mantelrandlinie.

Das jeweils umschreibende Viereck erweist sich hier als große Hilfe: Alle nach hinten führenden Kanten in den Ebenen π_2 und π_3 sind Tangenten an die Ellipsen in den Eckpunkten K_2^c, K_3^c, M_2^c und M_3^c und haben denselben Fluchtpunkt H. Durch sie ist also jeweils die Richtung des Kurvenverlaufs in der Gegend der Eckpunkte festgelegt (vgl. hierzu Farbbild 11, S. 35).

7. Übung: Parallelprojektion

Abbildungsvorgang; Eigenschaften

Bei der Parallelprojektion wird das räumliche Objekt durch ein Bündel aus parallelen Projektionsstrahlen, das jedoch aus beliebiger Richtung kommen kann, auf die Bildebene projiziert. Es gibt also im Unterschied zur Perspektive kein (zumindest kein im Endlichen liegendes) Projektionszentrum.

Als Folgerung aus dieser Abbildungsvorschrift ist für uns wichtig, daß die Parallelität von Objektgeraden im Bild erhalten bleibt. Das heißt z. B., daß das Bild eines Quadrats in Schrägsicht ein Parallelogramm ist (vgl. die Deckfläche der Würfel in Abb. 30). Das Bild eines Würfels besteht – genau wie das Original – aus paarweise zueinander parallelen Kanten. Allerdings bleiben nicht überall die rechten Winkel erhalten (Abb. 30).

Bei der perspektivischen Darstellung verlaufen im Gegensatz dazu die nach hinten weisenden Kanten durch einen gemeinsamen Fluchtpunkt (vgl. Farbbild 9, S. 33).

Kreise, die in die Würfelseiten eingeschrieben sind, werden wie bei der Zentralprojektion in Ellipsen abgebildet; die Bilder der Berührungspunkte mit dem umschriebenen Quadrat liegen allerdings genau in den Seitenmitten des Bild-Parallelogramms.

Koordinatenwahl: Eine zunächst sehr verblüffende Eigenschaft der Parallelprojektion wird durch den berühmten Lehrsatz von Pohlke (1853; vgl. Strubecker 1967) ausgedrückt. Er befaßt sich mit der Abbildung des sogenannten «Kantendreibeins» eines Würfels, welches aus den drei senkrecht aufeinanderstehenden Kanten besteht, die von einer Würfelecke ausgehen (Abb. 30, verdickte Strecken).

Der Satz besagt, daß man Richtung und Verkürzung der einzelnen Kanten des Dreibeins im Bild fast[1] beliebig wählen darf!

In der Praxis bedeutet dies, daß jede beliebige Vorgabe des Kantendreibeins im Bild erlaubt ist und zu einem «richtigen» Bild des Würfels führt – egal, in welche Richtung man die drei Kanten weisen läßt und wie lang man sie macht. Beim Zeichnen des Würfels muß man nur die Parallelität gegenüberliegender Kanten beachten. Abb. 30 zeigt einige Beispiele.

---

1 Die Ausnahme bezieht sich nur auf den Sonderfall, daß alle drei Richtungen im Bild zusammenfallen sollen, was zeichnerisch sinnlos ist.

Projektionsarten: Je nach Wahl des Kantendreibeins ergeben sich verschiedene Ansichten des Würfels. In Abb. 30 a, b und c bleibt der rechte Winkel zwischen y- und z-Achse erhalten; außerdem sollen die Längenmaße auf diesen Achsen unverändert bleiben. Parallelprojektionen solcher Art heißen «Schrägrisse». Die Lage der x-Achse ist beliebig. In Abb. 30 a und b ist sie in einem Winkel von 30° bzw. 15° gegen die Waagrechte mit jeweils anderer Verkürzung angegeben. Abb. 30 c zeigt einen als «Kavalierperspektive» bezeichneten Sonderfall: hier soll die x-Achse unter 45° gegen die Waagrechte verlaufen und wie die beiden anderen Achsen in der Länge unverzerrt sein.

Die Bezeichnung «Kavalierperspektive» stammt aus dem alten Befestigungsbau, wo erhöhte Teile «Kavaliere» hießen.

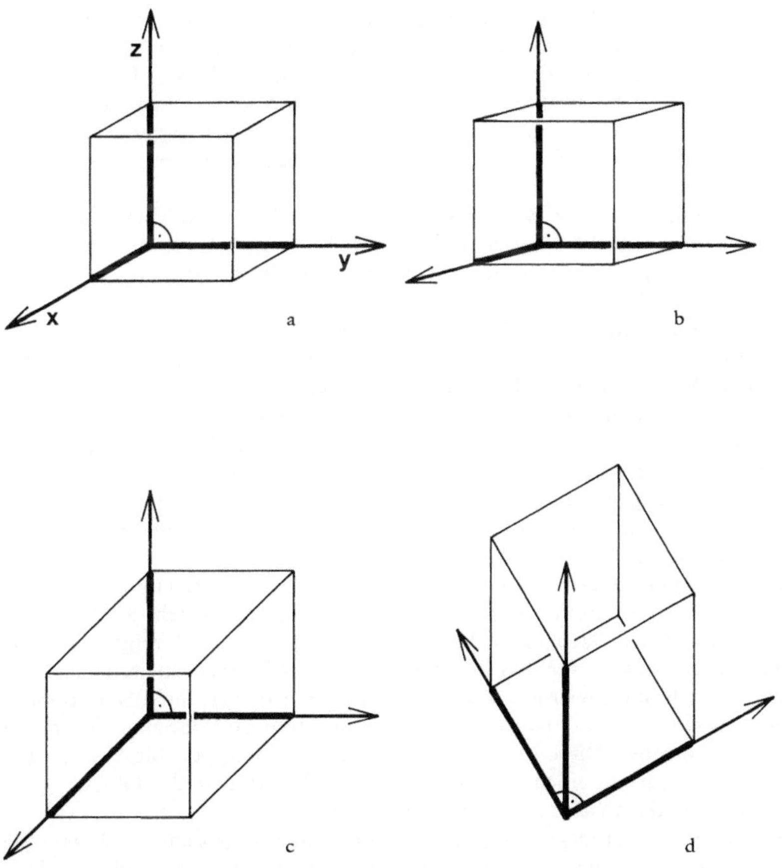

Abb. 30: Darstellung verschiedener Parallelprojektionen anhand des Einheitswürfels. a), b) und c) sind Schrägrisse (y/z-Ebene unverzerrt); in c) ist zusätzlich festgelegt, daß die x-Achse unverzerrt sein und unter 45° zur Waagrechten verlaufen soll (»Kavalierperspektive«). In d) ist die »Militärperspektive« dargestellt: x/y-Ebene und z-Achse sind unverzerrt.

Alle drei bisher genannten Projektionsarten lassen die Vorderseite (und damit auch die Rückseite) des Würfels unverzerrt. In Abb. 30 d ist dagegen die Grundebene des Würfels (also die x/y-Ebene) unverzerrt wiedergegeben. Das Bild wird hier direkt über dem Grundriß aufgebaut. Zusätzlich soll auch die z-Achse unverzerrt bleiben («Militärperspektive»).

Eine Projektion dieser Art liegt z.B. manchen Stadtplänen mit räumlich über dem Grundriß dargestellten Häusern zugrunde.

Bewertung der Projektionsarten: Angesichts des Würfelbildes in Abb. 30 c scheint es unerklärlich, wieso diese Zeichnung «richtig» sein soll. Die Abbildung vermittelt eher den Eindruck eines nach hinten gestreckten Quaders. Aber auch die zunächst einleuchtenderen Würfelbilder in a und b verursachen etwas Unbehagen, weil die nach hinten zeigenden, im Original parallelen Kanten auseinanderzulaufen scheinen.

Die Parallelprojektion bereitet dem Betrachter also nicht unerhebliche Schwierigkeiten. Dies hängt zweifellos mit dem Projektionsvorgang selbst zusammen. Anders als bei der Zentralprojektion hat die Parallelprojektion nichts mit dem natürlichen Sehvorgang zu tun, da die Projektionsstrahlen parallel sind. Es fehlt das Projektionszentrum, in dem alle Projektionsstrahlen zusammenlaufen und in das man als Betrachter auch sein Auge bringen kann, um Projektionsvorgang und Sehvorgang zur Deckung zu bringen. Allenfalls kann man beide Vorgänge einander annähern, wenn man als Betrachter weit von der Bildebene entfernt ist.

Es liegt offenbar an der Wahl der Koordinatenachsen und Verkürzungen, ob eine Darstellung dem Objekt einigermaßen «ähnlich» sieht oder ganz verzerrt erscheint. Durch eine günstige Wahl (z.B. wie in Abb. 30 a oder b) läßt sich ein durchaus überzeugendes Bild herstellen.

Aus rein praktischen Gründen bevorzugt man eine senkrechte Lage der z-Achse sowie ganzzahlige Vielfache von 15 als Winkel der x- und y-Achse mit der Waagrechten. Solche Winkel lassen sich bei Zeichenmaschinen fest einstellen und erleichtern demzufolge die Arbeit. Als Verkürzungsfaktoren nimmt man oftmals einfache Zahlenverhältnisse ($^1/_2$, $^1/_3$ usw.), so daß man die Verkürzungen im Kopf errechnen kann.

Natürlich ändert sich – je nach Anordnung der Achsen – die Lage des dargestellten Objekts. So erzeugt die Militärperspektive in Abb. 30 d (oder eine ähnliche Anordnung) eine Art «Vogelschau». Wenn die x-Achse in a nach rechts zeigen würde, ergäbe sich eine Ansicht von der linken Seite.

Man ist also gezwungen, bei der Wahl der Koordinatenachsen und der Verkürzungen einen Kompromiß zu treffen zwischen der beabsichtigten Ansicht des Objekts und der «Gefälligkeit» des entstehenden Bildes. Farbbild 11 b (S. 35) zeigt z.B. eine exakte Ausführung der in a versuchten Frontalansicht eines Pflanzenstielschemas. Der Querschnitt des Stiels soll kreisrund sein. In der obersten waagrechten Schnittebene ist das Bild des umschriebenen Quadrats zusammen mit dem Bild des angeschnittenen Halbkreises eingezeichnet. Diese Ebene ist gerade so weit gekippt (ablesbar an der Verformung des Quadrats zu einem Rechteck), daß die Deckfläche des Objekts gut sichtbar bleibt, ohne daß das Objekt zu sehr verzerrt erscheint.

Wenn parallele Geraden auftreten, muß man allerdings damit rechnen, daß sie im Bild zu divergieren scheinen. Letzten Endes ist man darauf angewiesen, daß ein Betrachter das Bild richtig interpretiert, also die Entstehungsart in die Deutung mit einbezieht. Um die Möglichkeit dazu zu geben, kann man einer Darstellung in Parallelprojektion das gewählte Achsendreibein mit den Verkürzungen (oder auch den daraus entstehenden Einheitswürfels, vgl. Abb. 31 b und 35 b) beifügen.

Aufbau eines Blockdiagramms aus einer histologischen Querschnittserie
(zunächst: unveränderte Querschnitte entlang der Längsachse)

Aufgabe 1

Aus einer Kiefernnadel soll quer zur Längsachse eine dicke Scheibe herausgeschnitten und als Blockdiagramm dargestellt werden. Einzelne Elemente wie Harzgänge und Leitbündel sollen besonders deutlich gemacht werden. Wir gehen dabei von einem histologischen Querschnitt aus (Abb. 31a, dicke Linien) und nehmen an, daß sich die Strukturierung der Nadel über eine kürzere Strecke entlang der Längsachse nicht ändert.

Es kommt zunächst nur auf die grobe Form an. Einzelne Elemente wie Zellen, Spaltöffnungen und Ähnliches können nachträglich eingezeichnet werden.

Festlegung der Achsenlage und der Verkürzungen. Wir können, um die gestellte Aufgabe zu bewältigen, die Querschnittscheibe liegend darstellen und die Leitbündel und Harzgänge etwas nach oben herausschauen lassen. Damit liegt die Schnittfläche (Abb. 31a) oben. Das Diagramm muß also so angelegt werden, daß eine gute Aufsicht auf die Oberseite des Blocks möglich ist.

Entsprechend skizziert man nun das Bild eines Würfels, dessen Oberseite gut zu sehen ist, ohne daß er jedoch zu stark verzerrt erscheint. Da jedes Würfelbild erlaubt ist, muß man nur beachten, daß gegenüberliegende Kanten parallel sind. Abb. 31b zeigt eine mögliche Lösung.

Der Leser mag verwundert gewesen sein, daß im theoretischen Teil ausschließlich die Abbildung eines Würfels betrachtet wurde. An dieser Stelle des Arbeitsganges erweist sich die Nützlichkeit des Würfelbildes. Man kann an ihm den entstehenden Verzerrungsgrad am leichtesten überprüfen und korrigieren. Anschließend übernimmt man die so gefundenen Achsenrichtungen und Verkürzungen für das eigentliche Bild.

In unserem Fall wurde ein Schrägriß gewählt (vgl. Abb. 30a), so daß also y- und z-Achse senkrecht aufeinander stehen und unverzerrt sind. Alle Strecken in Richtung der x-Achse verkürzen sich dagegen in einem bestimmten Verhältnis, das durch die Wahl des Würfels festgelegt ist.

Man bestimmt die verkürzten Strecken mit Hilfe eines sog. «Verkürzungsdreiecks», z.B. so wie in Abb. 31c dargestellt. Eine unverkürzte (y-) und die verkürzte (x-)Achse werden herausgezeichnet und mit den Einheitsstrecken e_x und e_y, abgelesen an dem Würfelbild, versehen. Die Endpunkte der Einheitsstrecken verbindet man durch eine Gerade g. Will man nun eine Strecke aus Abb. 31a (z.B. $\overline{AB}$) im richtigen Verhältnis verkürzen, so trägt man sie auf dem unverkürzten Schenkel in voller Länge ab, zieht durch ihren Endpunkt (B) eine Parallele zu g und erhält auf der x-Achse die verkürzte Strecke ($\overline{AB}^*$).

Konstruktion des umschriebenen Quaders: Nun geht man daran, das Blockdiagramm aufzubauen. Man legt die unregelmäßige Objektstruktur zunächst in einen ausreichend dichten Raster aus Rechtecken oder Quadraten (vgl. Abb. 31a, dünne Linien). Dann übernimmt man aus dem Würfelbild (Abb. 31b) die Richtungen der Koordinatenachsen mit ihren Verkürzungen und zeichnet zunächst den Raster in der x/y-Ebene ein (Abb. 31d).

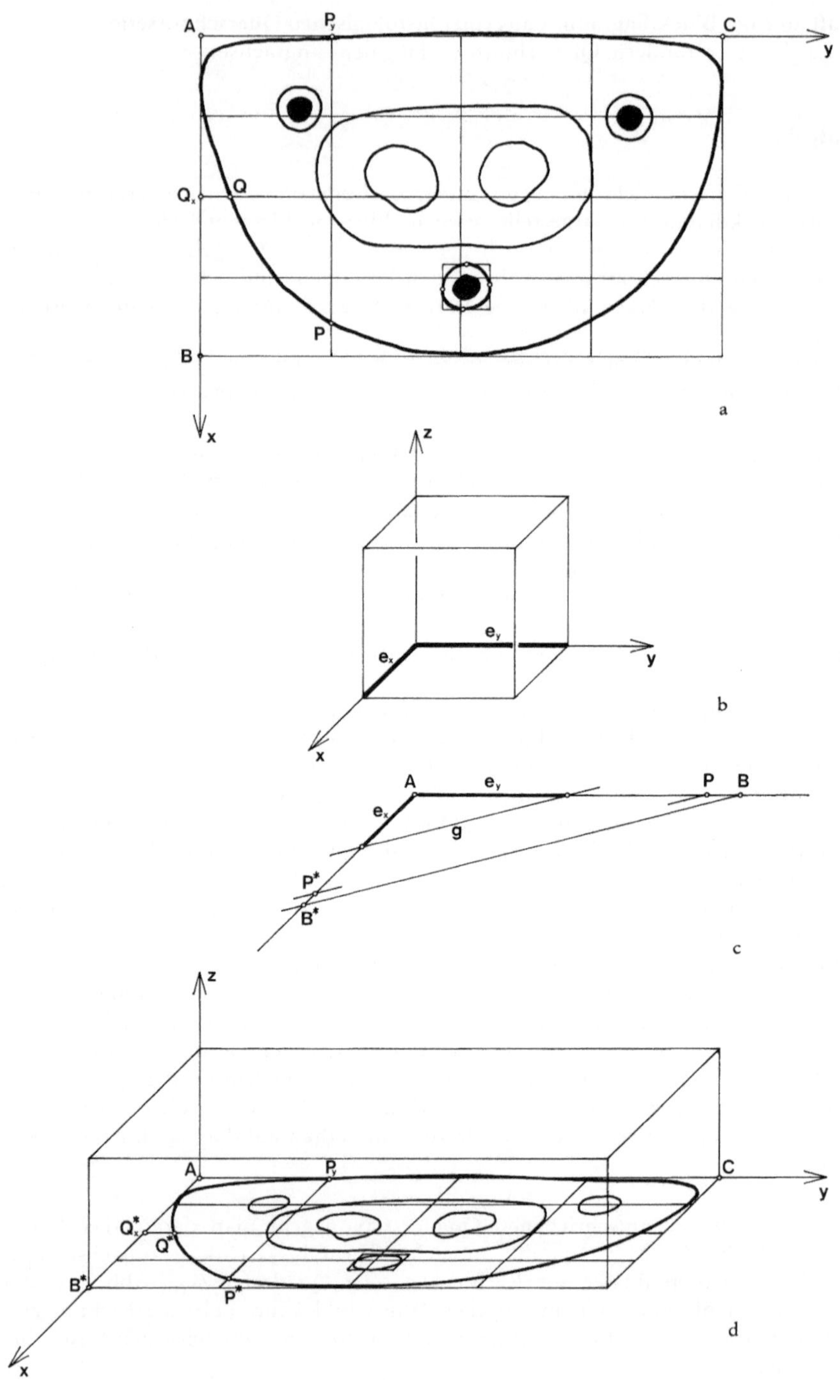

A
P_y
C
y
Q_x
Q
B
P
x
a
z
e_x
e_y
y
x
b
A
e_y
P
B
e_x
g
P*
B*
c
z
A
P_y
C
y
Q_x*
Q*
B*
P*
x
d

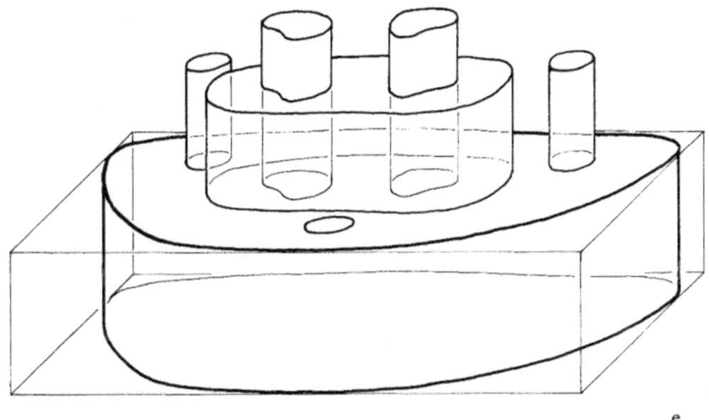

Abb. 31: Konstruktion eines Blockdiagramms. Das Objekt (Kiefernnadel) hat einen unregelmäßigen Querschnitt; er soll sich aber entlang der dritten Achse nicht ändern. Einzelheiten s. Text.

Dabei bleiben alle Strecken in Richtung der y-Achse unverändert erhalten (z.B. $\overline{AC}$), alle Strecken in Richtung der x-Achse werden mit Hilfe des Verkürzungsdreiecks in Abb. 31c verkürzt (z.B. $\overline{AB^*}$).

Schließlich baut man über der Bodenebene den Quader auf. Seine Höhe ergibt sich unverzerrt (z-Richtung!) aus der beabsichtigten Dicke der Kiefernnadelscheibe.

Einzeichnen des Objekts: Anhand der Rasterung kann man nun die einzelnen Kurven des Kiefernnadelquerschnitts aus Abb. 31a in Boden- und Deckfläche des Quaders einzeichnen. In Abb. 31d läßt sich der Vorgang in der Bodenebene verfolgen. Man sucht sich die Schnittpunkte der abzubildenden Kurven mit den Rasterlinien (z.B. P und Q) und zeichnet zunächst diese Punkte in den Bildraster von Abb. 31d ein. Der Bildpunkt Q^* läßt sich durch unveränderte Übernahme der Strecke $\overline{Q_xQ}$ finden P^* ergibt sich, indem man die Strecke $\overline{P_yP}$ im Verkürzungsdreieck verkürzt und im Bild abträgt.

Bei genügend feiner Rasterung und etwas Übung wird es genügen, die Lage der Bildpunkte abzuschätzen.

Die Bildkurven sind zwischen Boden- und Deckfläche des Quaders nur parallelverschoben, müssen also einen vollkommen identischen Krümmungsverlauf aufweisen. Dadurch lassen sie sich leicht in die Deckebene des Quaders übertragen, etwa, indem man Abb. 31d auf ein transparentes Papier abpaust, dieses dann um die Dicke der Kiefernnadelscheibe in z-Richtung nach unten verschiebt und die Bildkurven nun wieder durchzeichnet. Entsprechend kann man einzelne Strukturen weiter nach oben herausstehen lassen, indem man die betreffenden Schnittkurven nochmals verschiebt. Zum Schluß sind nur noch die senkrechten Begrenzungslinien einzuzeichnen.

In Abb. 32 ist der parallele Verlauf der Randkurven von Boden- und Deckfläche angedeutet. Zugleich sind zwei sehr häufig anzutreffende Fehler eingezeichnet, die entstehen, wenn man nicht genau denselben Krümmungsverlauf einhält: Besonders gegen den seitlichen Rand hin ist man leicht geneigt, die Kurven auseinanderlaufen zu lassen und die dargestellte Scheibe damit zu verdicken (linke Markierung). Auch ein Knick (rechte Markierung) zwischen seitlicher Randlinie und Schnittkurve ist letztlich die Folge des ungenauen Übernehmens der Kurve (hier von der Deckfläche).

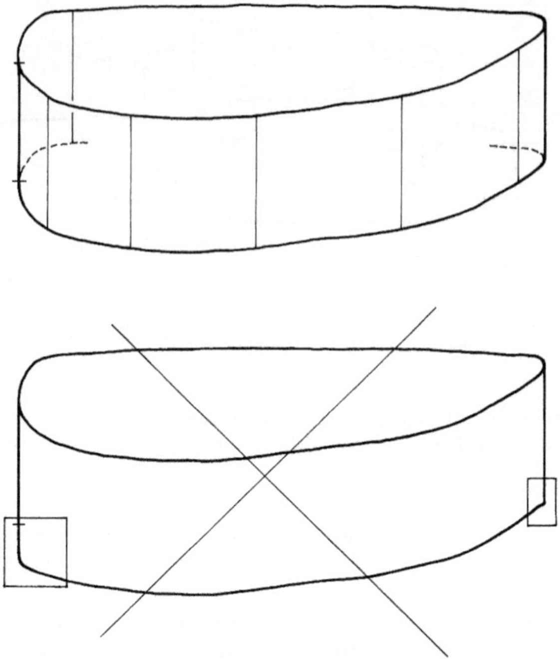

Abb. 32: Bei der Parallelprojektion bleiben parallele Strukturen im Bild als solche erhalten. Z.B. müssen also die Randkurven von Boden- und Deckfläche (senkrecht gemessen) überall den gleichen Abstand haben. Häufig wird dies gegen die Seiten hin (wie in der unteren Abbildung links) nicht eingehalten. Die Markierung rechts weist nochmals auf den häufigen Fehler hin, daß Boden- und Randkurve nicht glatt (also ohne Knick) ineinander übergehen.

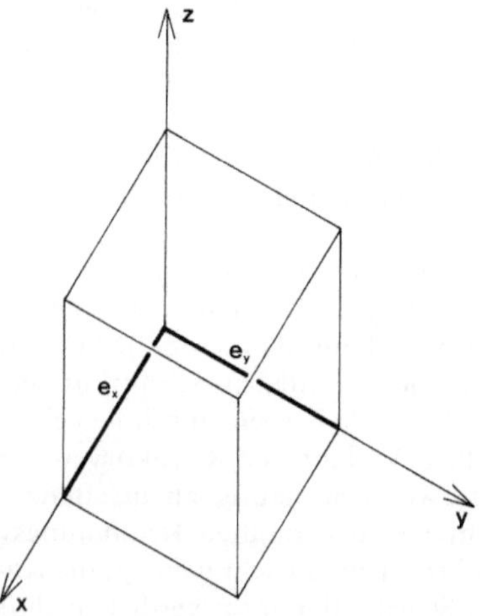

Abb. 33: Bild des Einheitswürfels in Militärperspektive (Aufgabe 2). Die gewählten Achsenrichtungen sind die Grundlage für das Blockdiagramm der Kiefernnadelscheibe in Abb. 37 (S. 61).

54

Aufgabe 2

Als Übung versuche man, aus dem Kiefernnadelquerschnitt der Abb. 31a ein Blockdiagramm zu erzeugen, das ähnlich dem in Abb. 31e ist, jedoch eine andere Ansicht
zeigt.

In Abb. 33 ist eine Anordnung der Koordinatenachsen angegeben («Militärperspektive»), für die in Abb. 37 (S. 61) das Blockdiagramm ausgeführt ist. Dabei wurde die
gleiche Scheibendicke wie in Abb. 31e angenommen. Die herausragenden Teile sind um
den gleichen Betrag verlängert.

Zur Überprüfung des Ergebnisses muß man möglicherweise (wenn man nicht denselben Maßstab wie in Abb. 31a verwendet hat) die Vorlage von Abb. 37 proportionsge-
recht vergrößern oder verkleinern.

Vergleich von Zentral- und Parallelprojektion: Aus den Erörterungen der Übungen 6
und 7 ergibt sich, daß die beiden vorgestellten Projektionsarten durchaus verschiedene
Vorzüge und Nachteile haben. Bei der Parallelprojektion liegt der entscheidende
Nachteil in der falschen Wirkung der so entstandenen Bilder, was am deutlichsten bei
parallelen Bildgeraden zutage tritt. Offenbar betrachtet man ein Bild zunächst einmal
so, als wäre es unter den Gesetzen der Perspektive zustande gekommen. Dann müßten
parallele Objektgeraden im Bild einen gemeinsamen Fluchtpunkt besitzen. Parallelität
von Bildgeraden deutet man folgerichtig so, als ob die zugehörigen Objektgeraden
divergieren würden.

Den allein «richtigen» Eindruck vermittelt die strenge perspektivische Bildkonstruk-
tion – vorausgesetzt, man wählt eine günstige Anordnung von Projektionszentrum,
Bildebene und Objekt. Ihr gravierender Nachteil besteht in der recht aufwendigen
Konstruktionstechnik, die einiges Einfühlungsvermögen verlangt.

Die Auswahl der beiden Abbildungsmethoden hängt also entscheidend vom Auftreten paralleler Objektgeraden ab. Bei unregelmäßig begrenzten Objekten wird man sich
meist für die einfacher zu handhabende Parallelprojektion entscheiden, während etwa
die Darstellung von Apparaturen – also meist einfach zu durchschauenden geometrischen Körpern – die perspektivische Konstruktion nötig macht.

Die Darstellung räumlicher Objekte ist nichts anderes als der Versuch, durch das Bild
einen möglichst originalgetreuen Eindruck zu erzeugen. Daher kommt es, daß die Wahl
der Darstellungsmethode – so merkwürdig dies zunächst klingen mag – auch von der
Objektgröße abhängt. Als Biologe ist man nämlich gewöhnt, kleine Objekte (wie z.B.
Radiolarien, vgl. 9. Übung) durch das Mikroskop und damit in Parallelprojektion zu
betrachten. Die modernen Mikroskope sind so eingerichtet, daß sie das vergrößerte
Bild des Objekts in unendlich weiter Ferne zu erzeugen scheinen, so daß die Sehstrahlen
tatsächlich parallel sind. Mikroskopisch kleine Objekte werden also besser in Parallelprojektion dargestellt.

Schwierig ist die Entscheidung bei der Darstellung von cytologischen Details in
Blockdiagrammform (vgl. Abb. 20, S. 22 und Abb. 34). Solche Objekte sind zwar
mikroskopisch klein, werden aber in verschiedenster Weise an- und aufgeschnitten
dargestellt. Es treten also künstliche Geraden (auch parallele) auf, die so nie am Objekt
beobachtbar sind und an deren Parallelität im Bild man sich also auch nicht gewöhnen
könnte. Es kann sein, daß sie stark stören, wenn sie parallel gezeichnet werden
(Abb. 34), so daß hier doch eine perspektivische Darstellung wie in Abb. 20 nötig wird.

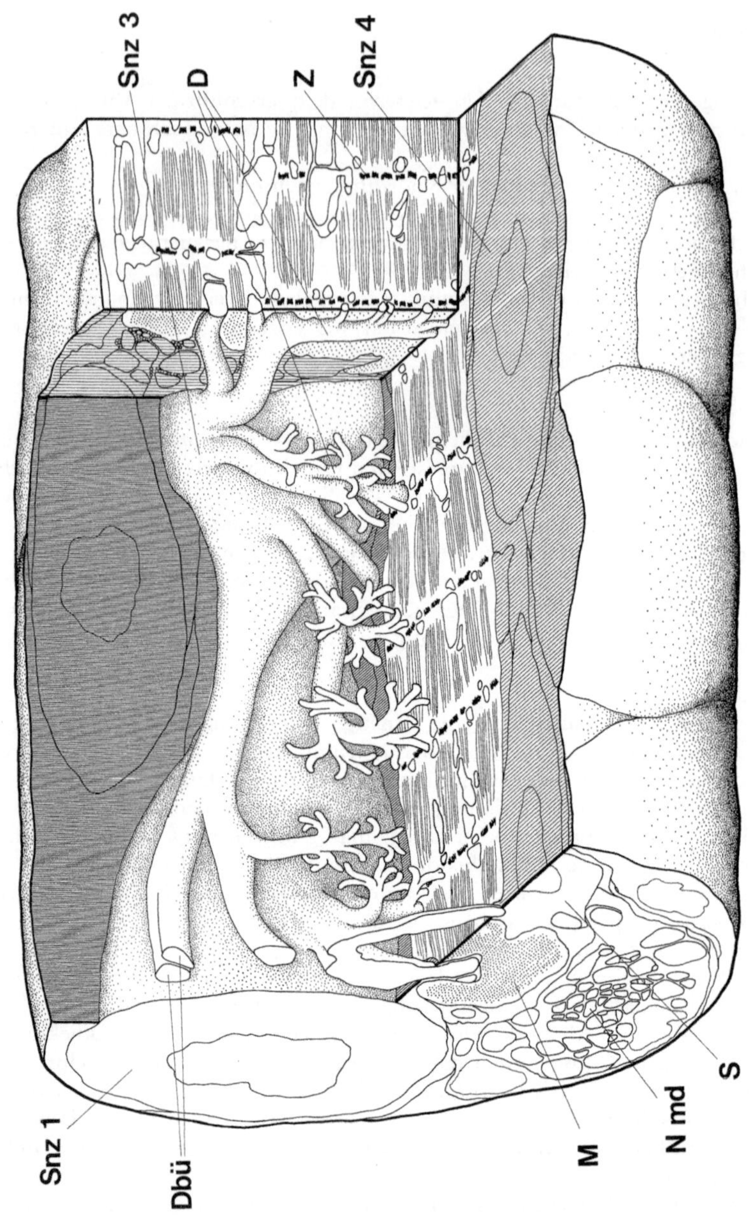

Abb. 34: Rekonstruktion eines cytologischen Details (Muskelrezeptor an einer Käfermandibel); Parallelprojektion. Die äußere Form ist nach der in Abb. 31 gezeigten Methode entstanden, jedoch wurden zusätzlich die Veränderungen entlang der Längsachse berücksichtigt (vgl. Anhang, S. 57). Beachte die Parallelität der nach hinten weisenden Schnittkanten. Sie scheinen zu divergieren.

56

Anhang: Rekonstruktion eines histologischen Objekts aus Schnittserien
(veränderliche Querschnitte entlang der Längsachse)

Wenn sich der Querschnitt eines mikroskopisch kleinen Objekts von Schnitt zu Schnitt entlang der Längsachse ändert, muß man bei der Rekonstruktion wesentlich kompliziertere Methoden als die oben (S. 51) geschilderte anwenden.

Die Grundidee ist folgende: Jeder Schnitt muß im gleichen Maßstab vergrößert gezeichnet werden (Zeichenspiegel, s. 8. Übung). Da sich bei der Vergrößerung natürlich auch die Schnittdicke entsprechend mitvergrößert, überträgt man nun jede Zeichnung auf eine entsprechend dicke Platte und schneidet diese aus. So ergibt sich beim Aufeinanderlegen der Platten ein vergrößertes Modell des Originals, das man abzeichnen kann.

Meist wird Wachs oder auch Plexiglas als Material für die Platten vorgeschlagen. Man kann sich vorstellen, daß die Methode in jedem Fall recht arbeitsaufwendig ist.

Da sich meist alle Objektstrukturen zum nächsten Schnitt hin verändern, erweist es sich als schwierig, aufeinanderfolgende Schnitte richtig, also ohne daß sich Verzerrungen ergeben, aneinanderzulegen. Eine sehr schlichte Möglichkeit, dieses Problem zu meistern, besteht darin, zwei gerade Haare oder Fasern auf verschiedenen Seiten des Objekts senkrecht zur Schnittrichtung mit einzubetten. Die Anschnitte dieser Fasern werden jeweils mitgezeichnet. Sie dienen als Markierungspunkte, die beim Aneinanderlegen verschiedener Schnittzeichnungen zur Deckung gebracht werden.

Eine rechnerische Lösung des Problems, wie die Einzelzeichnungen der Schnitte aufeinanderzulegen sind, findet man bei Honomichl (1975). Sie gilt allerdings nur für den Fall, daß man eine spiegelsymmetrische Form vorliegen hat. Bei unregelmäßigen Formen wird die mathematische Behandlung recht umständlich.

Mit den Kenntnissen aus den Übungen 6 und 7 ist es ohne weiteres möglich, die aufwendige Wachsplattentechnik zu umgehen und den gesamten Rekonstruktionsvorgang zeichnerisch auszuführen. Im einzelnen ergeben sich folgende Schritte:

Man zeichnet zunächst jeden Schnitt (in der Praxis wird meist jeder fünfte oder sogar jeder zehnte Schnitt genügen) auf ein besonderes Blatt Papier. Dann legt man ein Koordinatenkreuz in jeder Zeichnung bezüglich der Markierungspunkte (Faseranschnitte, s. o.) an die gleiche Stelle (vgl. Abb. 35a).

Anschließend überlegt man sich, in welcher Projektionsart und in welcher Ansicht das Objekt gezeichnet werden soll. Nehmen wir an, man entscheidet sich für eine bestimmte Ansicht in Parallelprojektion. Dann skizziert man (genau wie in Übung 7) einen Würfel in der gewünschten Lage und entnimmt ihm die Achsenrichtungen und Verkürzungen (Abb. 35b). Nun zeichnet man die Schnitte so um, daß sie in eine der Koordinatenebenen passen (Abb. 35d).

Dies kann man punktweise tun, indem man die Koordinaten wichtiger Punkte (vor allem an markanten Krümmungsänderungen) entsprechend der Verkürzungen im Würfelbild verändert (vgl. Abb. 35c) und dann das Bild der Objektkurve einzeichnet (vgl. Punkt P in Abb. 35). Natürlich kann man auch – wie in Abb. 31 (S. 52) – mit einem überdeckenden Raster aus Rechtecken arbeiten[1].

---

1 Für das Umzeichnen eines Schnittes in ein anderes Koordinatensystem steht auch ein mechanisches Hilfsgerät zur Verfügung: Perspektomat P 40 (Forster Apparatebau, Randenstr. 220, CH-8200 Schaffhausen, Schweiz).

Die so umgezeichneten Bilder reiht man maßstabsgerecht entlang der dritten Koordinatenachse auf (Abb. 35 e). Auf diese Weise ergibt sich eine Art «Spanten-Modell» des Objekts – ähnlich wie auch ein Schiffsrumpf zunächst in der Folge seiner Spanten (also ohne die Außenhaut) entsteht. Zum vollständigen Objektbild fehlen noch die Umrißlinien (geometrisch die Einhüllenden).

Natürlich hängt es von der Richtung der Schnittebenen und der gewünschten Ansicht des Objekts ab, wie man die Einzelschnitte umzeichnen muß. In unserem Beispiel wäre es arbeitssparend, die Schnitte in die unverzerrte x/z-Ebene des Würfels zu überneh-

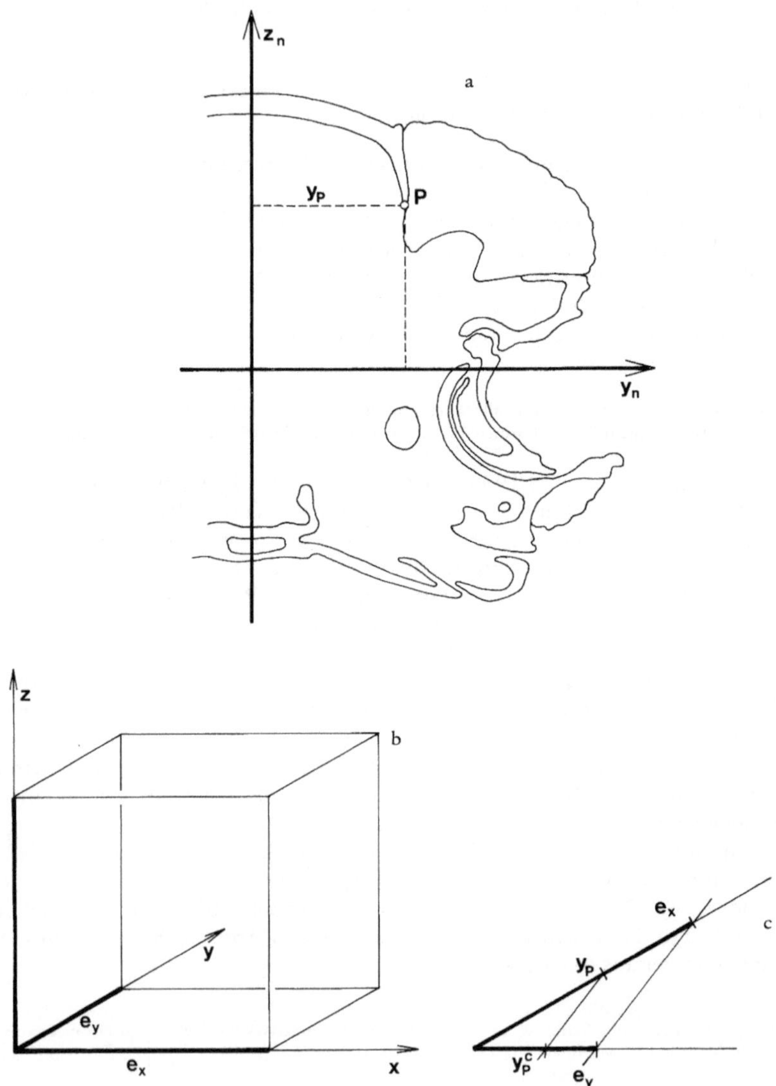

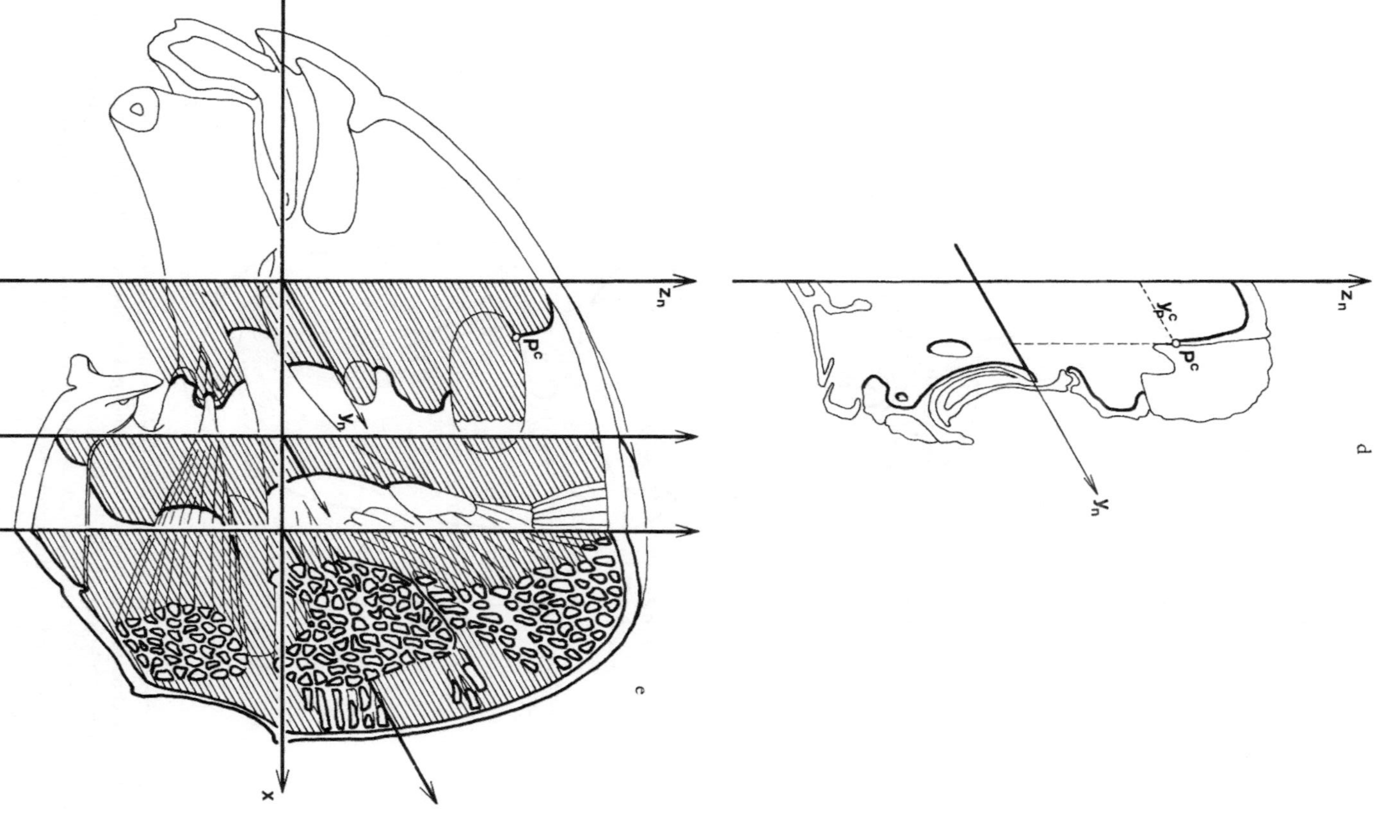

Abb. 35: Rekonstruktion eines unregelmäßigen Objekts aus einer Schnittserie (Mandibelmuskeln eines Käfers); Parallelprojektion. Erläuterungen im Text.

men, da sie dann unverändert bleiben könnten. Es ergäbe sich jedoch eine Ansicht von schräg-vorn, die gar nicht gewünscht war.

Schließlich spielt auch der Verlauf der Strukturen eine wichtige Rolle. Im allgemeinen sollte man von einem länglichen Objekt Schnitte benutzen, die quer zur Längsachse liegen. Das gilt nicht nur für einen Gesamtkörper, sondern auch für Einzelteile wie Muskeln u. ä. Solche Querschnitte ermöglichen eine wesentlich genauere und leichtere Rekonstruktion, da das Objekt oftmals und klar abgegrenzt getroffen ist.

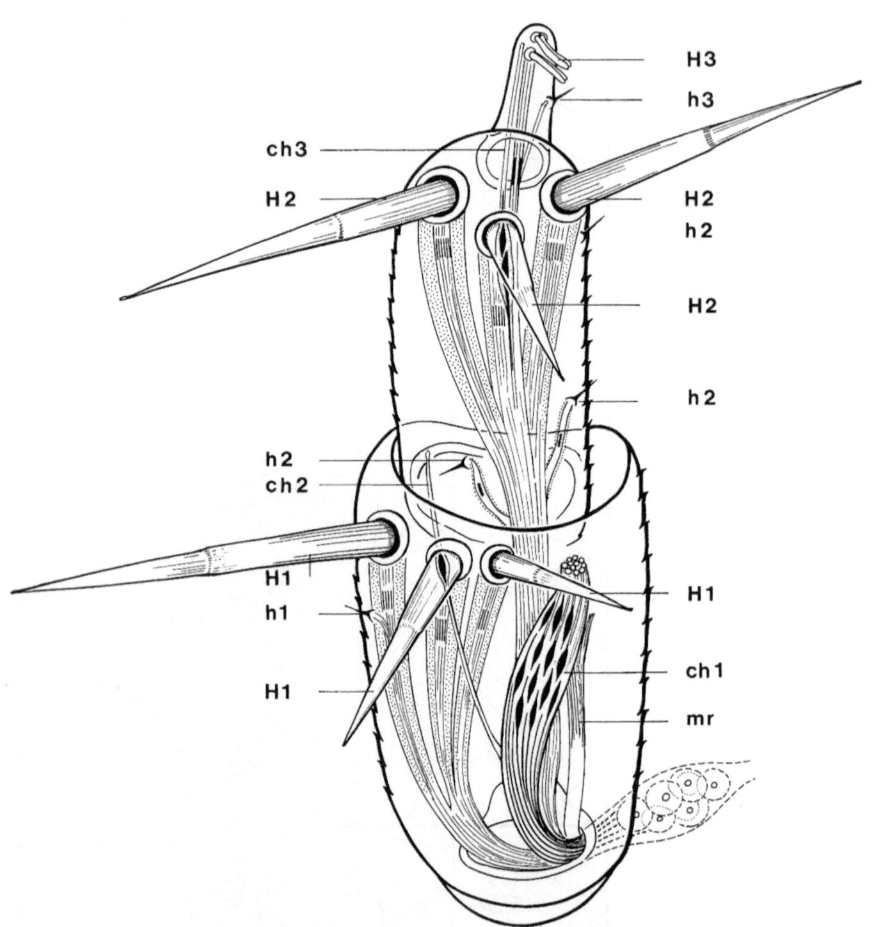

Abb. 36: Rekonstruktion eines unregelmäßigen Objekts mit Hilfe der äußeren Form (1. Antenne einer Assel). Der Zeichnung liegt ein raster-elektronenmikroskopisches Bild der Antennenoberfläche zugrunde. Die cytologischen Einzelheiten sind aus einer Schnittserie rekonstruiert (vgl. Abb. 35 a bis d) und eingefügt. Der Eindruck, die Antennenwand sei durchsichtig, entsteht durch die zeichentechnische Behandlung: die durchscheinenden Strukturen werden dünner gezeichnet als der äußere Rand; dort, wo eine durchscheinende Linie an eine Linie der Außenwand stößt oder eine solche kreuzt, wird ein schmaler Streifen frei gelassen (vgl. auch Abb. 31 e).

60

Es versteht sich von selbst, daß es bei der geschilderten Rekonstruktionsmethode möglich ist, die verschiedensten Einzelteile sichtbar zu machen, indem man z.B. nicht das Gesamtobjekt rekonstruiert, sondern etwa nur Einzelorgane daraus. So ist in Abb. 35e von den Organen des abgebildeten Käferkopfes nur die rechte Mandibel mit den beiden bewegenden Muskeln dargestellt. Der hintere Teil des Kopfes ist abgeschnitten gedacht, so daß man die Verteilung der Muskeln auch in einer y/z-Ebene deutlich sieht.

Es stellt sich oft als sehr vorteilhaft heraus, das Objekt an mehreren Stellen «aufzuschneiden» und die entstehenden dicken Scheiben etwas auseinandergezogen darzustellen. Auf diese Weise kann man die Veränderung in den Querschnitten verfolgen, ohne auf die räumliche Wirkung des Dargestellten verzichten zu müssen.

Wenn es möglich ist, das Objekt in seiner äußeren Form mit fotografischen Methoden darzustellen (Foto-Stereomikroskop, Raster-Elektronenmikroskop), kann man Fo-

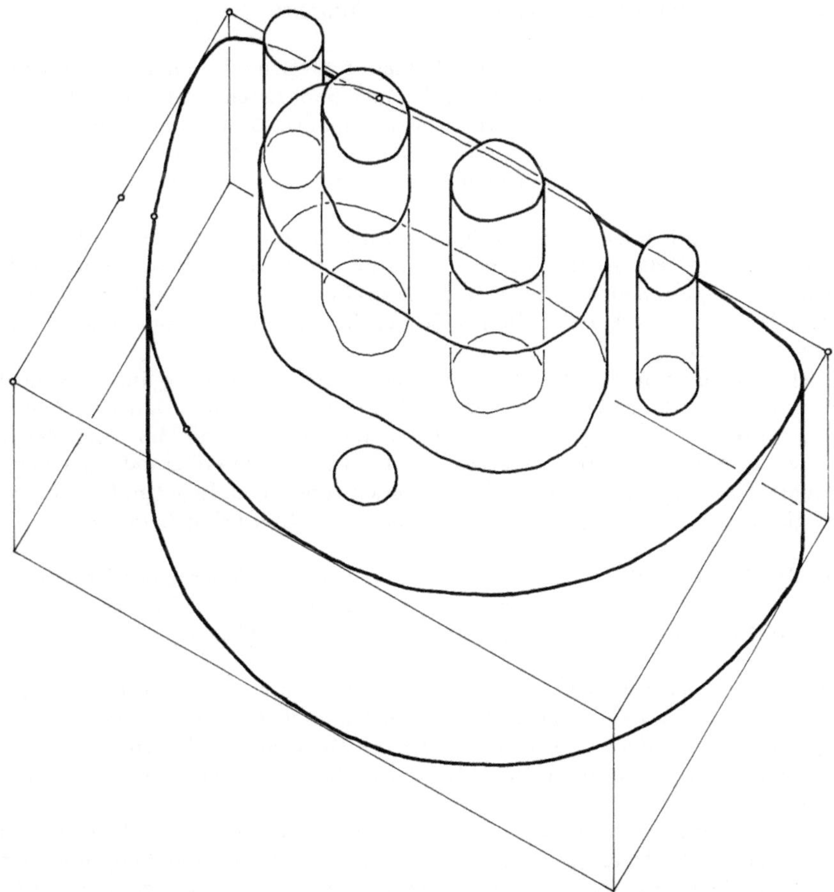

Abb. 37: Konstruktion eines Blockdiagramms; Parallelprojektion, Militärperspektive. Lösung von Aufgabe 2. Der zugehörige Einheitswürfel ist in Abb. 33 (S. 54) dargestellt.

tografie und obige Rekonstruktionsmethode miteinander verbinden. Das Zeichnen der äußeren Objektwand (der «Einhüllenden», s. S. 58) wird dann durch das Benutzen der Fotografie ersetzt. Man braucht nur die umgezeichneten Schnitte (vgl. Abb. 35 d) in das schon fertige Bild der Außenhülle einzupassen. Dies erleichtert die Arbeit wesentlich und gibt zusätzliche Sicherheit bezüglich der Richtigkeit der Rekonstruktion.

Abb. 36 ist mit Hilfe eines raster-elektronenmikroskopischen Bildes entstanden. Hier wird auch deutlich, daß man Details zeigen kann, indem man die Außenhülle durchscheinend darstellt (genauere technische Hinweise s. Abbildungstext).

IV. Anwendungen auf die Darstellung von makroskopischen und mikroskopischen Objekten

8. Übung: Darstellung histologischer Präparate

Histologische Präparate kann man mit Fotomikroskopen oder einfachen Fotoaufsätzen fotografieren und die gewonnenen Bilder auch publizieren. Es gibt jedoch Fälle, in denen man auf die Zeichnung nicht verzichten kann. Das kommt dann vor, wenn z. B. die Aufnahme zu wenig Kontrast enthält, mit dem man Wesentliches hervorheben könnte. In einer Zeichnung kann man Unwesentliches zurücktreten lassen, Wesentliches betonen.

Mit der Fotografie bildet man eine eng begrenzte optische Ebene ab. Strukturen, die z. B. weiter in die Tiefe reichen, kann man nur mit einer Aufnahmeserie wiedergeben. Entweder kombiniert man Kopien dieser Serie zu einem Gesamtbild, oder man zeichnet mit dem Zeichenapparat die wichtigen Ebenen heraus und kombiniert diese Zeichnungen.

In vielen Fällen kann man die Mikroaufnahme durch Schemata ergänzen. Wenn dies nicht ausreicht, wird man zwar das Foto als Dokument verwerten. Daneben stellt man aber eine histologische Zeichnung her. Diese wird in der Regel mit Hilfe eines Zeichenapparates (Abb. 38) entworfen und dann – z. B. in der Punktiermethode (4. Übung) – ausgeführt. U. U. kann man auch Mikrofotoserien verwenden. In jedem Fall aber wird die endgültige Zeichnung unter der Kontrolle durch das Mikroskop hergestellt.

Aufgabe: Die Metaphase einer 1. Reifeteilung aus dem Hoden einer Grille wird in Seitenansicht dargestellt. Die Zeichnung wird mit dem Abbeschen Zeichenapparat entworfen. Ausführung in der Punktiermethode mit Tusche und Feder.

Material und Gerät: Objekt ist ein Paraffinschnitt durch einen Grillenhoden; Färbung mit Eisenhämatoxylin nach Heidenhain (dadurch werden Chromosomen und Mitochondrien besonders stark schwarz gefärbt). Die gleiche Zelle wird zunächst mit dem Fotomikroskop aufgenommen (Abb. 39) und dann mit einem Abbeschen Zeichenapparat gezeichnet.

Abb. 38 zeigt die einfachste der zahlreichen Ausführungen eines solchen Apparates. Er besteht aus einem Strahlenleitungsprisma (Pr), das auf den Mikroskoptubus aufgesetzt wird, und einem seitlich daran befestigten Spiegel (Sp), der über der Zeichenfläche steht. Die Zeichenfläche – und damit auch die Bleistiftspitze – wird über den Zeichenspiegel in das Prisma projiziert und so in den Strahlengang des Mikroskops umgelenkt.

Der Beobachter sieht zugleich den Zeichenkarton und das Objekt. Er zeichnet so den Entwurf in einfachen Umrißlinien.

Weil durch die Einblendung beide Bilder abgeschwächt werden, zeichnet man den Entwurf ohne Apparat unter mikroskopischer Kontrolle zu Ende. Abschließend wird

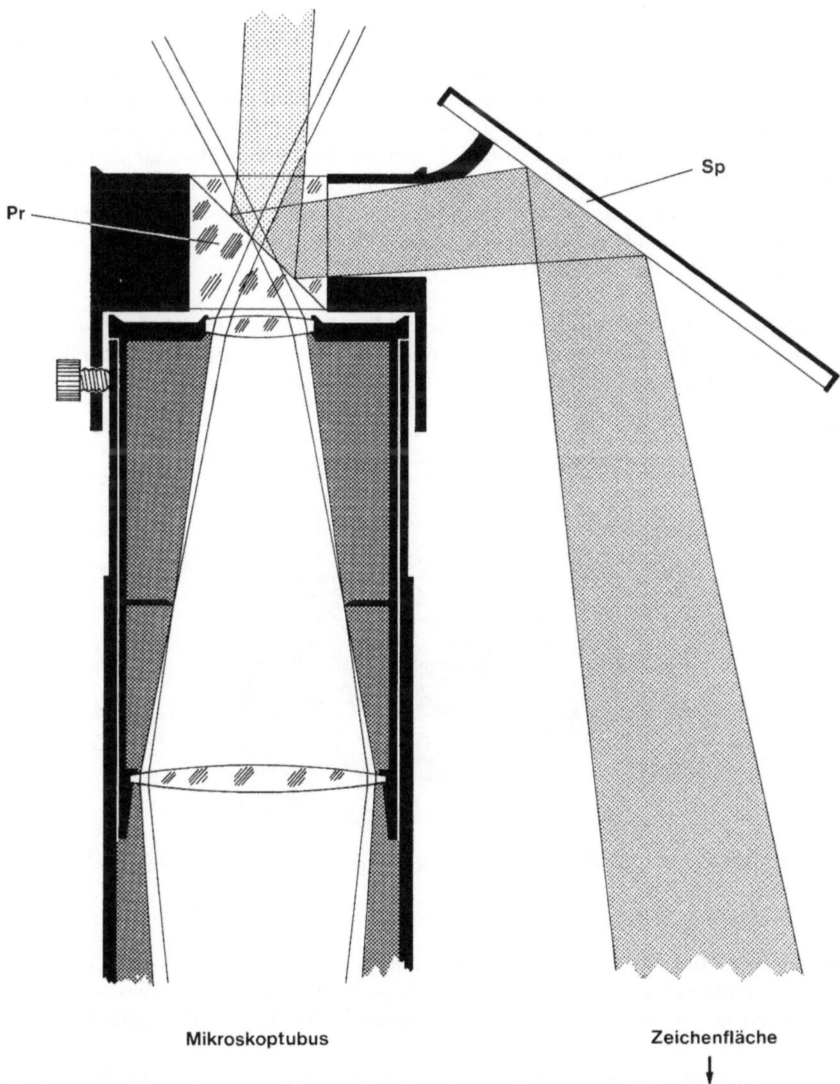

Abb. 38: Strahlengang im Mikroskop mit aufgesetztem Abbeschen Zeichenapparat. Dargestellt ist der Okularteil des Mikroskops (links) und die Einspiegelung der Zeichenfläche (mittlere Punktierung, rechts). Die hell punktierte Fläche (oben) deutet den Bereich an, der Strahlen sowohl vom Objekt im Mikroskop als auch von der Zeichenfläche erhält. Pr Strahlenteilungsprisma, Sp Spiegel.

bei gleicher Vergrößerung mittels eines Objektmikrometers ein entsprechender Maßstab (hier 10 μm) in die Zeichnung übertragen.

Der dargestellte Zeichenspiegel ist zwar einfach zu handhaben, bietet aber nur die Möglichkeit zu relativ kleinen Zeichenflächen. Ferner muß man das mikroskopische Bild und die Zeichenfläche durch entsprechende Variation der Mikroskop- und der Raumbeleuchtung so einander angleichen, daß man wirklich Objekt und Bleistift zusammen sieht. Andere Zeichengeräte arbeiten zwar nach ähnlichem Prinzip. Hier wird die Zeichenfläche jedoch zwischen Objektiv und Okular in den Mikroskoptubus eingespiegelt, oder der Einblick für den Beobachter ist an das Ende eines Aufsatzarmes verlegt, das direkt über der Zeichenfläche liegt. Derartige Geräte bieten ein größeres Zeichenfeld und besitzen verschiedene Lichtfilter, welche die Helligkeitsangleichung erleichtern. Schließlich sei noch auf Projektionszeichenapparate hingewiesen. Bei ihnen wird das Bild des Objekts mittels einer starken Lichtquelle auf eine Zeichenfläche projiziert. Dabei kann diese über dem Mikroskop liegen – dann wird sie durchstrahlt – oder das Mikroskop projiziert das Bild nach unten.

Durchführung: In unserem Beispiel geht es darum, fotografisch mit einer einzigen Aufnahme nicht erfaßbare Strukturen in einem Bild naturgetreu und verständlich darzustellen; Ausführung in Punktiertechnik mit Tusche (vgl. Übung 4).

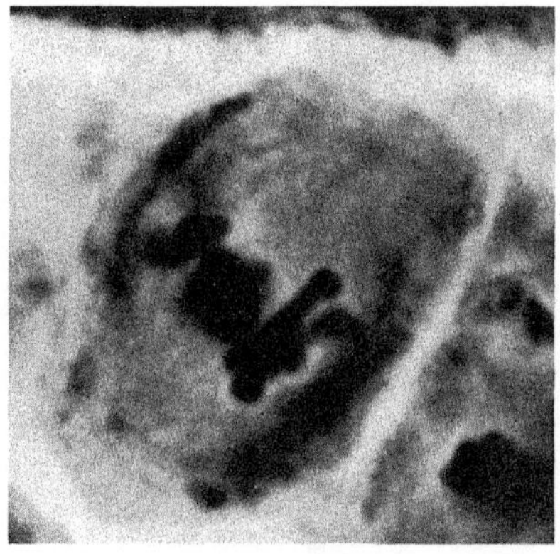

Abb. 39: Mikrofoto der gezeichneten Zelle (1. Reifungsteilung der Spermatocyten einer Grille, Seitenansicht).

Abb. 39 zeigt die Aufnahme eines Meiosestadiums (Metaphase von der Seite) aus dem Hoden einer Grille in einer mittleren optischen Ebene. Die Chromosomen treten zwar deutlich hervor, ein klares, räumlich verständliches Bild ist die Aufnahme jedoch nicht.

Die Teilbilder Abb. 40 a–c sind mit dem Zeichenapparat in verschieden übereinander liegenden optischen Ebenen gezeichnet; c liegt am höchsten. Diese Entwürfe wurden auf wenige wesentliche Strukturen (Spindel, Chromosomen, Mitochondrien) reduziert; Unwesentliches ist weggelassen. Die Teilbilder werden auf dem Durchzeichenpult (vgl. Kap. A) auf den endgültigen Zeichenkarton gepaust. Dabei ist darauf zu achten, daß z. B. die Spindelteilbilder sich zur vollständigen Spindel ergänzen.

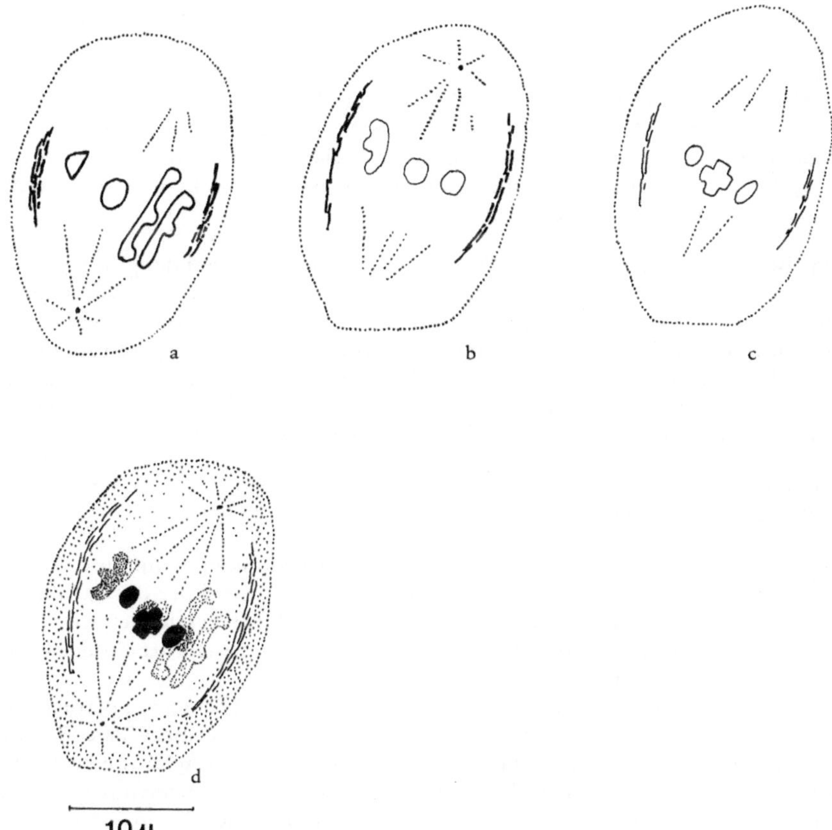

Abb. 40: a–c mit dem Zeichenapparat in verschiedenen optischen Ebenen gezeichnete Teilbilder für d. a am tiefsten, c zu oberst. d Kombination der Teilbilder. Der Größenmaßstab ist mittels eines Objektmikrometers mit dem Zeichenapparat eingezeichnet.

Der so entstandene Bleistiftentwurf wird nun mit Feder und Tusche ausgeführt. Die zuoberst liegenden Chromosomen sind schwarz gezeichnet; je weiter sie in der Tiefe liegen, um so heller (lockerer) sind sie punktiert, d. h. oben liegende Chromosomen sind dunkel, tiefer liegende heller ausgeführt. Es entsteht so der Eindruck eines räumlichen Bildes, und man erhält eine Vorstellung von der Zahl der Chromosomen, die sich nunmehr deutlich gegeneinander abheben lassen. Die Mikrofotografie konnte dies nicht leisten.

9. Übung: Freies Zeichnen

Nicht immer und überall stehen technische Hilfsmittel bereit, die die direkte Abbildung eines Objektes ermöglichen. Nicht jedes Objekt ist auch von der Oberfläche oder dem Umriß her gänzlich zu verstehen. Will man das Wesentliche eines Objektes hervorheben oder bestimmte Ausschnitte darstellen, so kann eine Freihandzeichnung mehr Informationen vermitteln.

Wer die ersten Übungen durchgeführt hat, wird so viel Sicherheit im Umgang mit dem Zeichengerät gewonnen haben, daß er sich auf die Aufgabe der freien Darstellung konzentrieren kann. Man muß durchaus kein Künstler sein, um eine brauchbare und informative Zeichnung anfertigen zu können. Manchem wird das freie Zeichnen sogar Spaß machen, weil es auch die Freiheit gibt, ein bestimmtes Objekt in einer nicht direkt verfügbaren Idealsicht darzustellen.

Aufgabe: Es soll ein natürliches Objekt ohne technische Abbildungshilfsmittel gezeichnet werden. Als attraktive Angebote empfehlen sich sowohl mikroskopische Präparate (Radiolarienskelet) als auch größere Objekte (Orchideenblüte, Schneckengehäuse u.a.). Bei der Wiedergabe kommt es sowohl auf die Wahrung der Proportionen einzelner Bestandteile untereinander als auch auf die Berücksichtigung des natürlichen Aufbaus des Gesamtgegenstandes an. Es ist ratsam, erst mit einer Bleistiftskizze zu beginnen und diese oder eine 2. Skizze dann in Tusche auszuführen.

Materialien: Zeichenkarton, Bleistifte, Zeichenfeder (Füller) und Tusche, eventuell Runzelkornpapier mit Fettstift.

Durchführung: Wie in den vorangegangenen Übungen kommt es auf die Absicht des Zeichners an, was er darstellen möchte. Dementsprechend wird der Blickwinkel (und eventuell die Beleuchtung) gewählt, unter dem das Objekt gezeichnet wird. Es ist ratsam, zunächst keine Schatteneffekte zu skizzieren, da diese die Arbeit sehr komplizieren und zu mehr Fehlern als Verdeutlichungen führen.

Um sein Auge zu schulen, kann man die folgende *Vorübung* machen: Betrachten Sie Abb. 41 und notieren Sie alles, was Sie für fehlerhaft halten, auf einem Blatt. Erst wenn Sie glauben, alle wesentlichen Mängel entdeckt zu haben, blättern Sie um und vergleichen Ihre Liste mit der dortigen Korrekturliste (Abb. 42). – Zeichnen Sie auf einem getrennten Blatt oder direkt in Ihr Buch einige Poren und Stacheln ein, um ein Gefühl für die Veränderung der Porenform und Stacheln in wechselnder Lage auf der Kugeloberfläche zu bekommen (siehe Abb. 43 und 44).

Für die **Ausführung** empfehlen sich folgende Schritte:

a) Fixieren Sie Ihr Objekt in einer möglichst stabilen Lage, und versuchen Sie, eine bequeme Zeichenposition zu finden, die Sie während der gesamten Zeichendauer beibehalten können. Am günstigsten ist es, wenn Sie das Objekt und Ihre Zeichnung möglichst gleichzeitig «im Blick» haben (raschere Arbeitsweise und keine Verzerrungen in der Perspektive).

b) Planen Sie Ihren Entwurf möglichst groß, z.B. auf einem DIN A4- oder DIN A3-Blatt. Überlegen Sie, ob alle Ihre Informationen auf einer Zeichnung unterzubringen sind, oder ob es sich nicht empfiehlt, von bestimmten Stellen besser eine Ausschnittsvergrößerung oder eine 2. Ansicht in einer 2. Skizze festzuhalten.

c) Zeichnen Sie erste Hilfslinien für den Umriß oder/und die Achsen des Objektes. Dabei müssen Sie in etwa die räumliche Struktur (Kugel, Quadrat, Kegel, Zylinder usw.) berücksichtigen. Sehr hilfreich ist die Abschätzung der Winkel, die einzelne Strukturen untereinander bilden (Abb. 46).

d) Eine leicht perspektivische Zeichnung (= Nahbetrachtung) wirkt angenehmer und natürlicher als eine reine Parallelprojektion. Eine Ausnahme bilden mikroskopische Objekte, die unter Parallelprojektion betrachtet werden.

66

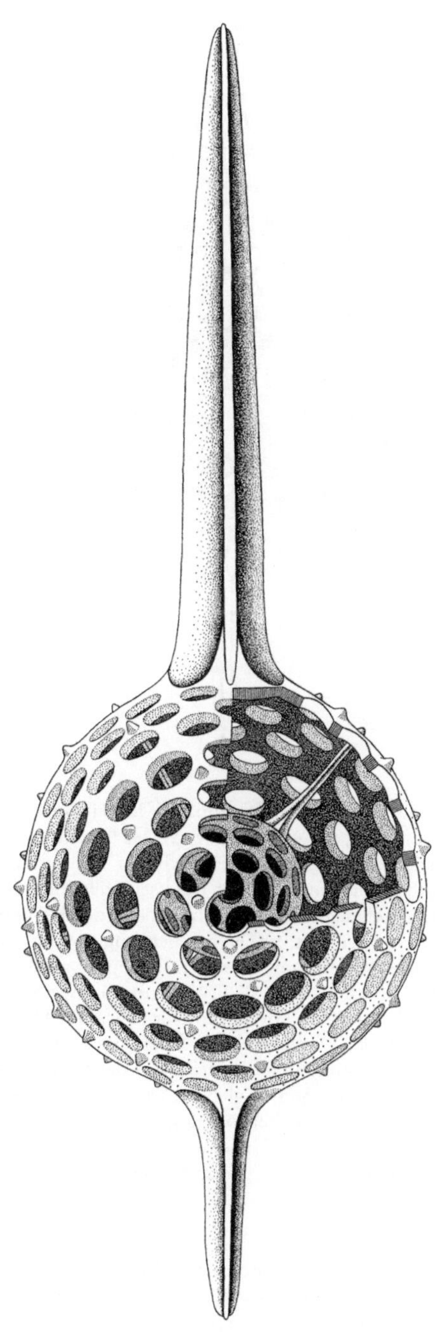

Abb. 41: Radiolarienskelet (Original von Marina Hebenstreit).

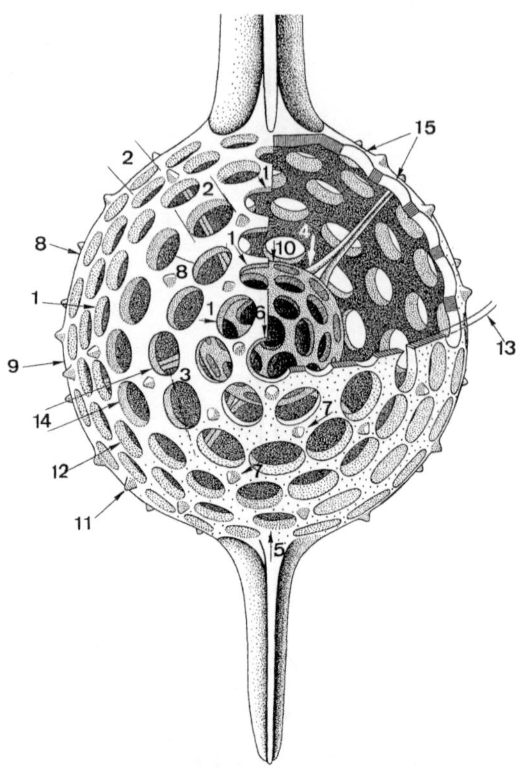

Abb. 42: Ausschnitt vom Radiolarienskelet (Original v. M. Hebenstreit, verändert). Verbesserungsfähig sind: 1) Die Abwandlung der Wandstärke. 2) Der Porendurchmesser wird nach außen nicht kleiner. 3) Die Längsachse der Pore müßte senkrecht zur Verbindungslinie zum Mittelpunkt verlaufen. 4) Alle Radialstrahlen beginnen auf der Rückseite des Innenskelets. 5) Die punktierte Wand ist hier und an anderen Stellen zu schmal (siehe 1). 6) Auch bei konischen Poren müßte im Zentrum die Wandbreite zu Null werden. 7) Die Beleuchtung kommt scheinbar aus verschiedenen Richtungen. 8) Die Porenzwischenräume verengen sich bis zum Rand, dort aber nicht ausreichend. 9) Genau randständige Poren müßten als Begrenzungslininen eine Gerade haben. 10) Das Achsenelement in Richtung der großen Fortsätze fehlt. 11) Die Höcker sind ungleichmäßig verteilt: am Rand und im Zentrum häufiger als im Übergangsgebiet. 12) Wenn das Licht von links oben angenommen wird, so müßte sich die Helligkeit der Porenwand bei dieser u. a. Poren ändern. 13) Die Schnittfläche in der Äquatorialebene ist fast Null. Die Schnittlinie müßte bei schräger Einsicht eine Ellipse sein. Falls die beiden Hauptstacheln der Radiolarie in der Bildebene liegen, dann müßte bei einem rechteckigen Ausschnitt die Äquatoriallinie (= Schnittlinie) horizontal verlaufen. 14) Unterschiedliche Randbegrenzung der Poren. 15) Begrenzungslinien sollten Ellipsen entsprechen.

e) Wenden Sie sich dann den auffallenden Strukturen des Objektes zu. Wählen Sie einen objektabhängigen Maßstab, den Sie für die Größenabschätzung einzelner Teile benutzen (z.B. Kugeldurchmesser = 4× Porendurchmesser, oder Blattlänge = 3× Blattbreite u.ä.). Bei mikroskopischen Objekten kann man etwa nach Abb. 45 verfahren, indem man den Kerndurchmesser oder die Zellbreite zum individuellen Maßstab

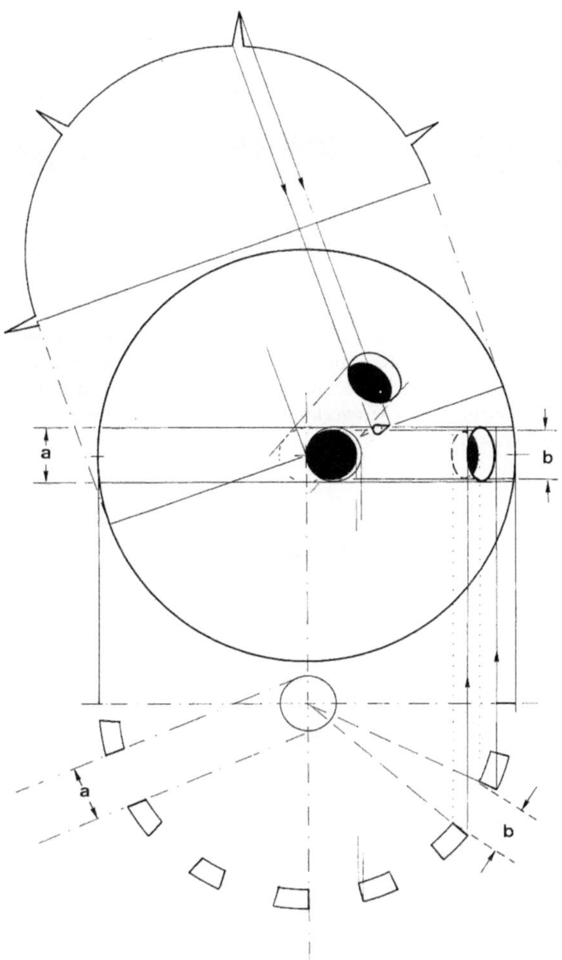

Abb. 43: Konstruktionsplan für Poren in einer Kugeloberfläche. Auf der linken Hälfte sind die Poren zylindrisch, auf der rechten Hälfte konisch angelegt: Ergänzen Sie Poren in der Äquatorialebene und den durch diese ziehenden Kranz von Stacheln.

macht. Bei makroskopischen Objekten kann man durch Vorhalten eines Bleistifts oder Daumens vor den Gegenstand peilen und die Größenverhältnisse auf der Bildebene abschätzen. Dadurch erreicht man die innere Stimmigkeit bei der Zeichnung und entgeht Verzerrungen.

f) Achten Sie auf die Formen und Begrenzungen von Einzelteilen sowie auf deren mögliche Veränderung in unterschiedlicher Anordnung (rund, ellipsoid usw.). Ermitteln Sie Verbindungen und halten Sie Unterbrechungen zwischen den Linien fest.

g) Bevor aus der Bleistiftskizze die endgültige Zeichnung wird, prüfen Sie noch einmal den Gesamteindruck und kontrollieren Sie die Lage der Teile untereinander.

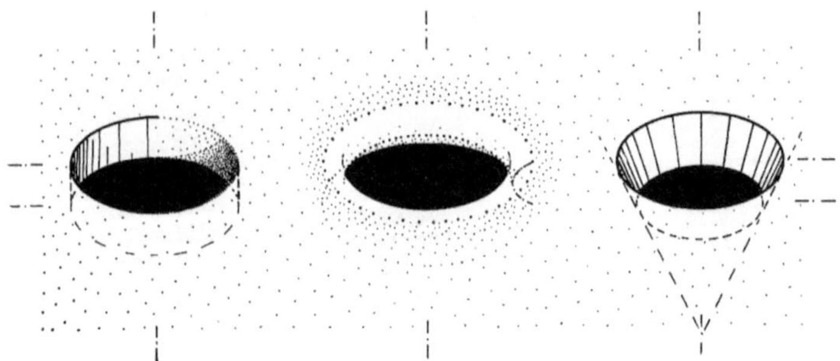

Abb. 44: Unterschiedliche Porenform (links zylindrisch, in der Mitte gerundet, rechts konisch) und Zeichentechnik. Die Punktierung ergibt ein weicheres Bild, Striche verdeutlichen die Richtung. In der linken Pore ist für beide Techniken ein Schattenwurf angedeutet. In der mittleren Pore sind die zugrunde gelegten Ellipsen verlängert eingezeichnet. Der Innendurchmesser soll der Porenweite links entsprechen.

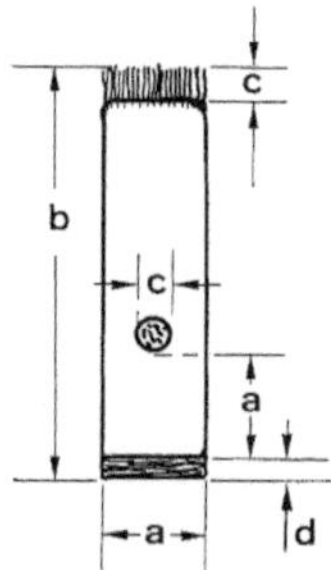

Abb. 45: Schematisierte Zeichnung einer Epithelzelle, die das Arbeiten mit objektabhängigen Maßeinheiten verdeutlicht: Zellänge b = 4× Zellbreite a; Kerndurchmesser c = $^1/_3$ a; und c = 2d.

Danach kann die Fertigstellung mit Bleistift oder besser mit Tusche beginnen. Hervortretende Strukturen werden mit starken Linien gezeichnet, verborgene Teile nur mit schwachen Linien angedeutet. Werden die Flächen ausgestaltet, so empfiehlt es sich, statt breiter und schmaler Linien eine gleichbleibende Strichstärke zu verwenden und zur Erhöhung des räumlichen Eindrucks die Flächen unterschiedlich hell zu machen (Abb. 46).

h) Wenn die Zeichnung fast fertig ist, können Sie deren Gesamteindruck bzw. den bestimmter Stellen noch verstärken, indem Sie einige Schatten zeichnen. Am einfachsten ist es, wenn Sie Ihr Objekt tatsächlich von einer Seite beleuchten (gewöhnlich von links oben), die Schatten beobachten und einige starke Schattenflächen abgeschwächt übernehmen. Wenige Schatten sind besser als viele und starke. Häufig sind Schatteneffekte für naturwissenschaftliche Zeichnungen entbehrlich, oft machen sie mehr Arbeit als sie nützen und gefährden unter Umständen die ganze Arbeit.

Sollen mehrere Figuren auf einer Seite erscheinen, so sollten alle Figuren die Beleuchtung aus derselben Richtung besitzen.

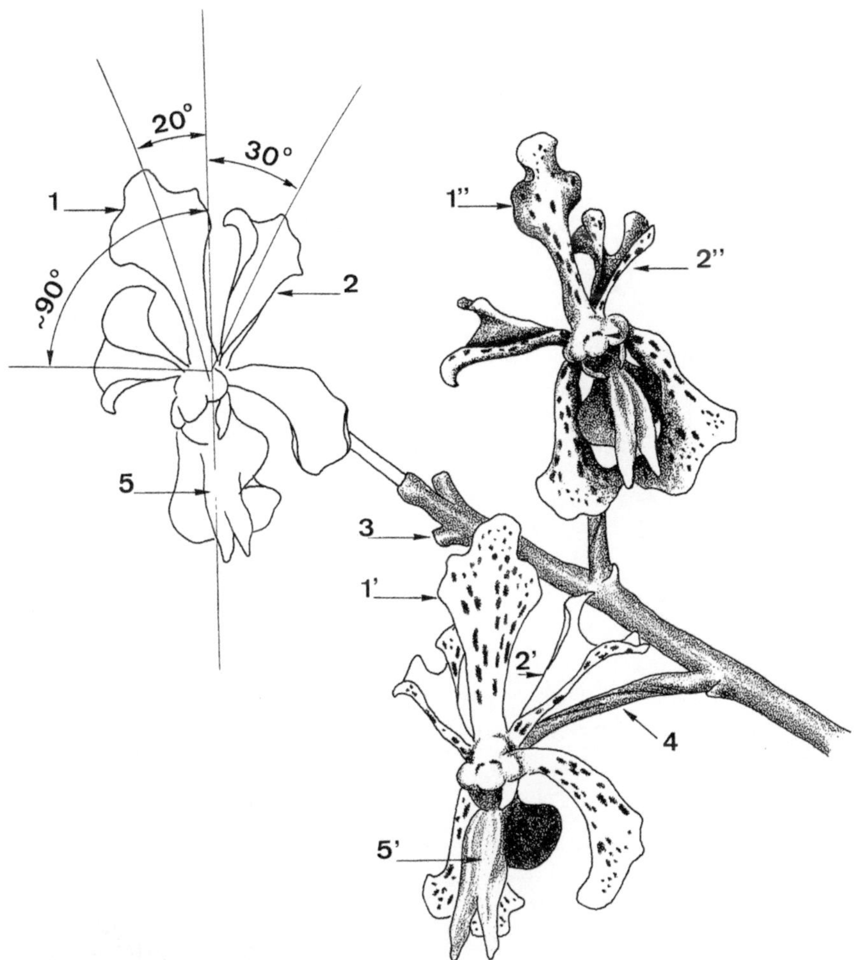

Abb. 46: Ausführungsstufen von einer blühenden Orchideenrispe (Vanda tricolor). Wichtige Orientierungspunkte sind die Achsen der Blütenblätter und die Winkel (20, 30, 90° usw.), die diese Achsen für den Beobachter mit der Vertikalen bzw. Horizontalen bilden. 1-1″ und 2-2″ zeigen die zunehmende Aussagekraft und Anschaulichkeit durch die nachträglich eingezeichneten Farbtupfer und die zugrunde gelegten Schattierungen. 3 deutet weggelassene Blüten an, 4 die Torsion der Blüte und 5-5′ die Ausarbeitung von Flächen und Wölbungen.

Hinweise zu den Beispielen:

a) Radiolarie (Abb. 41)

Bevor man ein ganzes Radiolarienskelet zeichnet, sollte man sich zuerst auf einem Hilfsblatt (etwa nach Abb. 43) über die folgenden Punkte Klarheit verschaffen:

Wie verändert sich die Form eines Kreises in Seitenansicht (siehe Übung 7)?

In welcher Richtung bleibt der Kreisdurchmesser erhalten, und welchen Winkel bildet die Längsachse der Ellipse mit der Verbindungslinie Pore–Kugelmittelpunkt? –

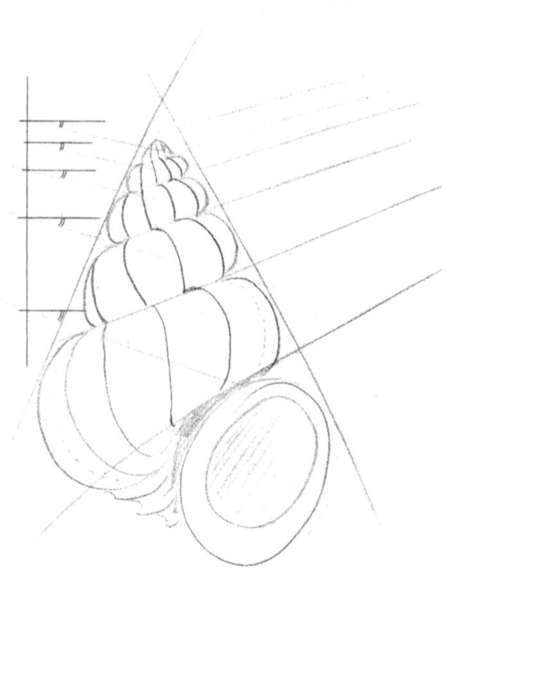

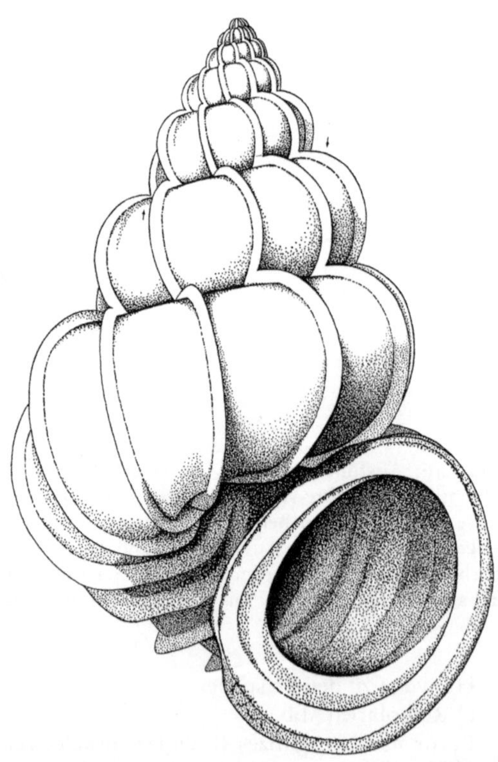

Abb. 47: Verkleinerte Skizze von einem Schneckengehäuse und ausgearbeitete Zeichnung (Zeichnung von Marina Hebenstreit, leicht verändert). Der Durchmesser des 2. Umganges muß in Richtung der Pfeile verändert werden, damit das Gewinde nach oben schmäler und nicht breiter wird.

Streng genommen stellen die Abbildungen der kreisförmigen Poren auf der Kugeloberfläche niemals gleichförmige Ellipsen dar. (Warum? Überprüfung mit einer großen Pore von $^1/_4$ bis $^1/_2$ Durchmesser der Kugel). Diese Unstimmigkeit kann bei kleinen Poren übergangen werden, muß aber berücksichtigt werden, wenn es sich um große Öffnungen handelt.

Wie ändert sich die Breite der Kapselwand in zunehmender Draufsicht?

Wo und wie stehen die Oberflächenstrukturen hervor?

b) Orchideenblüte (Vanda, Abb. 46)

Anordnung und Richtung der Blütenblätter (Blattachsen) beachten.

Vorne liegende Strukturen hell oder mit kräftigen Umrißlinien zeichnen.

Organstrukturen durch klare Linien abgrenzen, wichtige Farbmuster durch Punktieren andeuten.

Wölbungen mit kleinen Schatteneffekten herausstellen.

c) Schnecke (Scalaria, Abb. 47)

Grundstruktur ist eine sich verjüngende Spirale, die als äußere Begrenzung einen Kegel hat.

Die Umgänge werden von der Mündung aus nach oben stetig kleiner.

Die Rippen in der Mitte werden von ihrer Schmalseite (Aufsicht) gesehen und verlaufen fast gerade, die stärkste Krümmung ist am Rande.

Fehlerquellen:

Wenig, dies aber naturgetreu zeichnen, d. h. es ist besser, nur den Umriß und darin eine kleine Stelle richtig zu zeichnen, als die ganze Fläche mit schematischen Strichen zu füllen.

Während man skizziert, nicht den Beobachtungswinkel verändern.

Groß zeichnen. Bei Objekten aus dem makroskopischen Bereich wird oft nur in Originalgröße gezeichnet. Dies führt zu winzigen Vorlagen von 3–5 cm Größe. Solche Skizzen sind nicht mehr exakt ausführbar und auch nicht mehr verkleinerungsfähig.

Lichteffekte, falls erforderlich, besonders bei Ausschnitten durch Punktierungen (siehe Abb. 47) oder eine Überdeckung mit getönten Folien andeuten (vgl. Beispiel Abb. 20 und Abb. 34).

Verkürzungen nach vorn gerichteter Teile berücksichtigen.

Strichstärke nicht zu dünn wählen (für mittlere Konturen im Bereich von 0,4 bis 0,6 mm).

10. Übung: Aufbau und Beschriftung einer Bildtafel

Zeichnung und fotografische Abbildung ergänzen sich. Die Zeichnung dient der Verdeutlichung, der Übersicht, der Typisierung; das Foto dagegen ist ein Beleg für einen individuellen, realen Gegenstand. In guten Arbeiten finden sich immer beide Darstellungsweisen ergänzend nebeneinander. Deshalb soll in der letzten Übung auf die Fertigstellung einer Bildtafel eingegangen werden.

Aufgabe: Es sollen Bilder für eine Bildtafel zu einem festgelegten Objekt bzw. Thema ausgewählt werden (hier der Filterapparat der Larve von Gyrinus substriatus). Weiter sollen die Komposition der Bilder zu einem Gesamtbild, das Zurechtschneiden und die Beschriftung geübt werden. Dabei wird sich zeigen, daß durch die Zusammenstellung nicht nur Platz gespart wird, sondern auch stärkere Vergrößerungen genutzt werden können, die die Gesamtinformation erhöhen. – Häufig verkalkuliert sich der Anfänger im Zeitbedarf. Für eine Tafel wie in Abb. 51 kann man bei geringer Erfahrung einen ganzen Arbeitstag rechnen.

Material: Fotografien (in der Medizin oder Biologie z.B. häufig elektronenmikroskopische Aufnahmen), Zeichenkarton, dünnes, weißes Schreibmaschinenpapier, Buchstabenschablone, Tuschefüller oder Anreibebuchstaben und -zahlen in Schwarz und Weiß, Klebstoff oder beidseitig klebende Ecken (z.B. Hermafix Doppelkleber u.a.) und Schneidemaschinen oder Messer u. Lineal.

Durchführung:
1. *Bildauswahl.* Am Anfang steht auch bei dieser Übung die Überlegung, was man dem Betrachter mit der herzustellenden Bildtafel zeigen möchte. Dabei wählt man normalerweise aus einer Vielzahl von Fotografien diejenigen aus, die thematisch und strukturell eng zusammengehören oder eine Gegenüberstellung erleichtern sollen. Zu vermeiden ist die Kombination von Zeichnung und Fotografie in einer einzigen Abbildung. Eine von beiden Figuren würde zu schwach oder aber überfett ausfallen, da für jede Vorlage jeweils nur eine Klischeeart (Strichätzung oder Halbtonverfahren) geeignet ist (siehe Kapitel C).

Zur ersten Orientierung über die Lage des Filterapparates ist es sinnvoll, eine Zeichnung (wie etwa Abb. 48) voranzustellen.

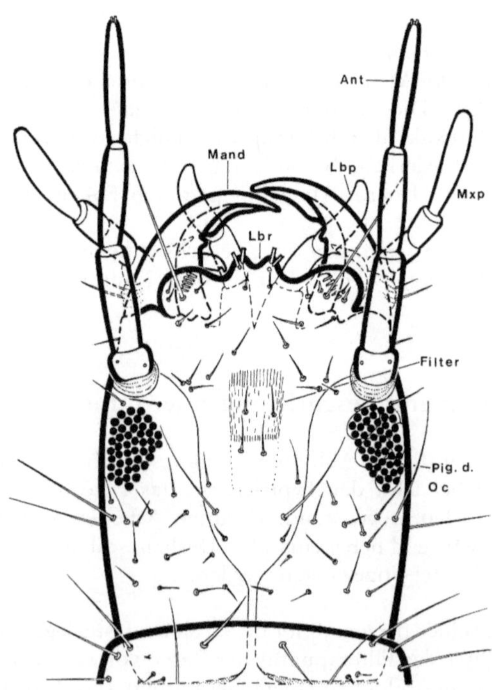

Abb. 48: Stark verkleinerte Zeichnung des Kopfes einer Gyrinuslarve; die Lage des Filterapparates ist eingezeichnet.

74

Im vorliegenden Fall sollten mindestens 5 von 8 ausgeteilten Bildern zu einer Tafel zusammengestellt werden, die den natürlichen Aufbau des Filterapparates einer Käferlarve dokumentieren. Nicht aussortiert werden sollte der einzige «Fremdling» unter den Bildern, das Schnittbild von den Filterlamellen. Die zur Auswahl gestellten 8 Fotografien sind in Abb. 49 zusammengestellt.

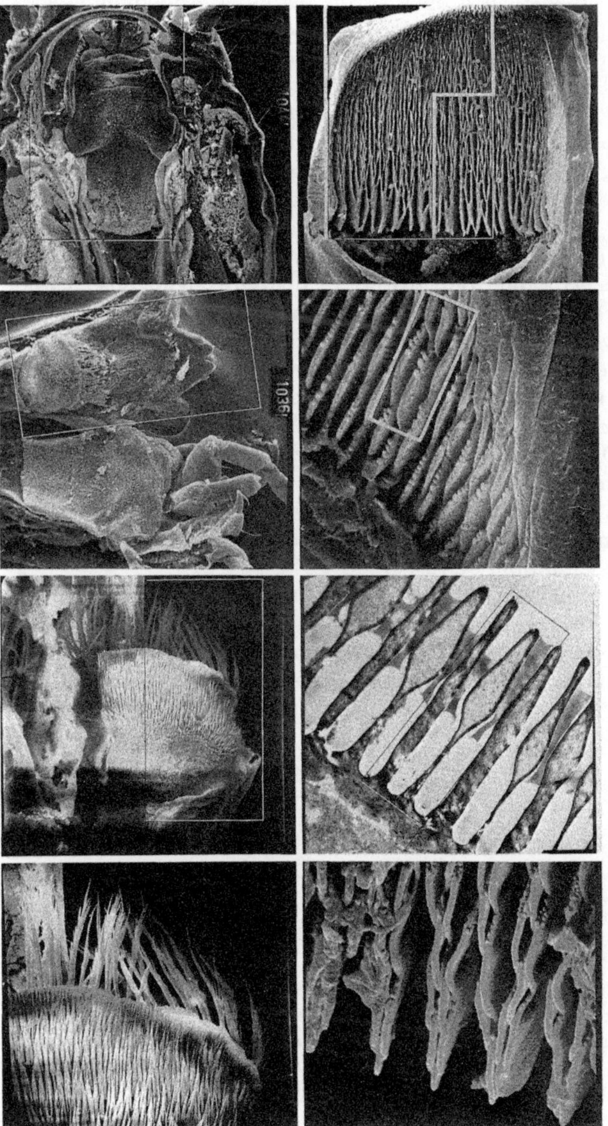

Abb. 49: Acht Bilder in ihrer ursprünglichen Beschaffenheit, zusammengefügt und auf Satzspiegelgröße verkleinert. Die in der Abb. 51 verwendeten Ausschnitte sind abgegrenzt.

Bei der Bildauswahl muß man unbedingt auch auf die technische Qualität der Bilder achten. Die hier gezeigte Bildtafel ist nicht als fehlerfreies Muster zu verstehen. Das Bild a in Abb. 51 zeigt z.B. deutlich mehrere Zeilenfehler, die durch eine unregelmäßige Funktion des abrasternden Elektronenstrahls verursacht sind und nur durch eine Neuaufnahme beseitigt werden können.

2. Bei der *formalen Anordnung* der Bilder geht man vom Gesamtrahmen der Tafel aus. Normalerweise legt man den Satzspiegel des vorgesehenen Buches, der Zeitschrift oder das Format der Examensarbeit zugrunde. Die Tafel kann auch – unter Wahrung der Proportionen – etwas größer als die definitive Abbildung angelegt werden, aber nicht kleiner, da bei der Nachvergrößerung die Bildschärfe leidet. Sind mehrere Bildtafeln direkt hintereinander geplant, so ist auch an den Platz für den Abbildungstext zu denken. Er sollte jeweils unter der zugehörigen Tafel zu finden sein, um lästiges Blättern zu vermeiden. Dies bedeutet, daß man die Satzspiegelbreite beibehält, aber die Höhe der Tafel entsprechend dem Textumfang reduziert. Ist die Abbildung überproportional hoch (schmal), so kann man den Abbildungstext auch seitlich und senkrecht zur Seite setzen; in diesem Fall sollten Textrichtung und Blickrichtung für den Betrachter identisch sein. Für ein DIN-A4-Blatt (Examensarbeit) empfiehlt sich ein Tafelformat von 14 cm Breite und 21 cm Höhe. Das Heraussuchen geeigneter Bildteile ist trotz der damit verbundenen Mühe lohnenswert, da man sowohl ungünstige Bildteile eliminieren kann, als auch Platz für stärkere Vergrößerungen gewinnt.

3. *Inhaltliche Ordnung.* An den Anfang einer Bildtafel stellt man am günstigsten ein schwach vergrößertes Übersichtsbild, an das sich verschiedene Ausschnittsvergrößerungen anschließen. Innerhalb einer Bildtafel sollte eine gewisse Einheitlichkeit herrschen, d.h. Kontraste, Graustufen, Bildschärfe, Aufnahmetechniken etc. sollten möglichst ähnlich sein. Dies erleichtert dem Betrachter die Zuordnung bzw. den Vergleich und ist drucktechnisch einfacher. In Abb. 51 passen die Bilder a, b und c gut zusammen, d ist zu dunkel und hart, und Bild e ist in sich zu hell und ergibt aufgrund der vielen weißen Flächen keinen klaren Bildrand. In dem vorliegenden Beispiel wurde dies durch die eingezeichnete Schnittlinie vertuscht.

4. Wohl überlegt werden muß die *Reihenfolge,* in der die Fotos zurechtgeschnitten werden sollen. Ein exakt rechtwinkliger Zuschnitt der Einzelbilder benötigt eine ebenso hohe Aufmerksamkeit, wie die rechtwinklige bzw. parallele Anordnung der Bildränder. Daher mache man sich zumindest für die erste Tafel auf einem Blatt Papier eine Strichskizze von der geplanten Tafel und bezeichne dort die Kanten der Bilder mit Ziffern

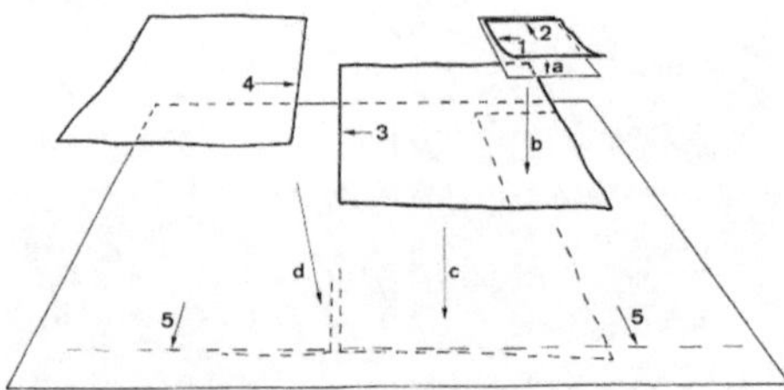

Abb. 50: Schnitt- und Klebefolge für die obere Hälfte der Bildtafel von Abb. 51. Die Zahlen beziehen sich auf die Reihenfolge der Zuschnitte der Einzelbilder, die Buchstaben verdeutlichen die Abfolge des Klebens. Erst zuletzt wird die Kante 5 genau senkrecht zum Bildzwischenraum abgeschnitten. Die Außenränder der Bildtafel werden erst ganz am Schluß nach der Fertigstellung der unteren Tafelhälfte und der Zusammenfügung mit der oberen Hälfte begradigt.

76

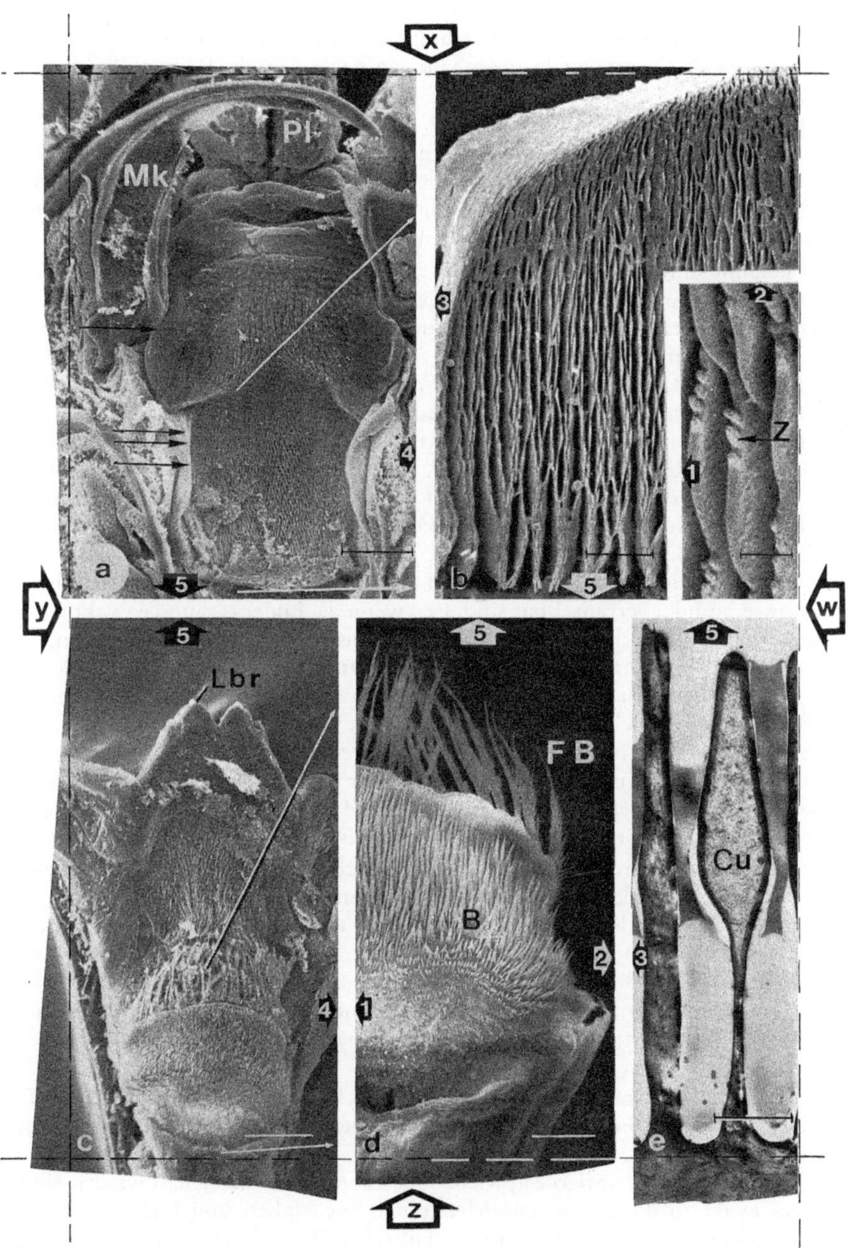

Abb. 51: Beispiel für die Herstellung und Beschriftung einer Bildtafel. Auf der linken Seite (Bild a und c) befinden sich die Übersichten vom Objekt, nach rechts folgen die Vergrößerungen, deren Ursprünge durch weiße Pfeile in den linken Bildern angedeutet sind. – Die schwarzen Pfeile in Bild a weisen auf sog. Zeilenfehler hin. – Die Zahlen an den Bildrändern markieren die Reihenfolge der Zuschnitte. Der Außenrand der Gesamttafel (w, x, y und z) wird zuletzt abgeschnitten.

und zwar in der Reihenfolge ihres Zuschnittes. In der Abb. 51 weisen an den Bildrändern die breiten Pfeile mit den darin enthaltenen Zahlen auf die Reihenfolge der endgültigen Schnitte hin.

5. Zum *Schneiden* der Bilder eignen sich sowohl scharfe Messer mit entsprechenden Stahllinealen als auch sog. Schneidemaschinen, die es in zahlreichen Ausführungen gibt. Die Schneidemaschinen besitzen eine zur Schnittkante rechtwinklige Anschlagseite. Scherenschnitte sind ungeeignet. Da es die Übersicht wesentlich erleichtert, läßt man zwischen den einzelnen Bildern immer einen schmalen Streifen frei (2–3 mm).

Man beginnt mit dem höchstgelegenen (= geklebten) Bildteil, oft dem Inset (siehe Abb. 50 und 51), und zwar mit der langen Innenseite. Das Inset klebt man auf ein dünnes Blatt Papier, läßt an den Seiten 1 und 2 den nötigen Rand überstehen und klebt es auf das zugehörige Bild (b). Dann folgt der Schnitt von Bildrand 3. Nachdem von Bild a als erstes die Seite 4 geschnitten wurde, müssen beide sorgfältig nebeneinander auf ein neues Blatt Papier geklebt werden. Die Bildbegrenzung muß genau geprüft werden, am sichersten durch Hilfslinien am Tafelrand oder/und durch einen Blick in fast horizontaler Richtung über das Blatt. Dabei fallen auch kleine Bogen oder mangelnde Parallelität der Kanten deutlich auf. Danach wird von Bild a und b (einschließlich aufgeklebtem Inset) die gemeinsame Kante 5 abgeschnitten. Ob man mit der Montage der oberen oder unteren Tafelhälfte beginnt ist natürlich frei. In der unteren Tafelhälfte muß mit dem mittelsten Bild d begonnen werden, wobei die Schnittfolge 1 und 2, sowie 3 und 4 vertauschbar sind. Erst wenn die Bilder c, d und e exakt auf einem Blatt nebeneinander geklebt sind, wird ihre gemeinsame Kante 5 abgeschnitten, und die obere und untere Tafelhälfte auf einem neuen Blatt Papier unter Einhaltung der Fugenbreite zusammengeklebt. Um die erste Außenbegrenzung der Bildtafel schneiden zu können, legt man zunächst eine Hilfslinie für den Tafelrand (z.B. in Abb. 51, w) fest, die exakt parallel (bzw. senkrecht) zu den Bildfugen der Tafel verläuft und schneidet den ersten Tafelrand (eine Längsseite!, also w oder y) ab. Es folgen die Tafelränder x, y, z. Es wird fortlaufend geklebt und geschnitten, und erst die fertig zugeschnittene Bildtafel klebt man auf einen stabileren Zeichenkarton als Unterlage.

Ist trotz aller Vorsicht ein Zwischenraum zwischen den Bildern mißglückt, so kann man sich bei zu schmalen Zwischenräumen helfen, indem man einen entsprechenden Papierstreifen darüberklebt. Man kann auch alle Bilder aneinander kleben und nachträglich durch Aufkleben von weißen/schwarzen Streifen trennen. Dabei liegt die Schwierigkeit in der Herstellung scharfkantiger und exakt paralleler sehr schmaler Streifen. Ferner braucht man einen homogenen Untergrund, damit die Streifen auch an der richtigen Stelle haften bleiben. Dies gelingt bei den sich wölbenden Fotos selten. Exakter Bildzuschnitt ist sicherer.

6. Erst wenn die Bildtafel fertig geklebt und geschnitten ist, beginnt die *Beschriftung*. Am bequemsten (= teuersten) sind die sog. Anreibebuchstaben (z.B. Deca-dry, Letraset u.a.). Es geht aber auch mit Schriftschablonen (z.B. Isofit, Rotring u.a.) und einem Tuschefüller. Tusche ist abriebfest, Klebebuchstaben lösen sich leicht wieder, sind aber besonders exakt in der Form. Die Menge der Buchstaben und Hinweise sollte den Gesamteindruck möglichst wenig stören. Hilfreich sind einfache Hinweislinien, Pfeile, Sterne usw. Die Buchstabengröße sollte einheitlich und dem Gesamtdruck angepaßt sein. Die Höhe der kleinsten Buchstaben darf in der reproduzierten Endvergrößerung 2 mm nicht unterschreiten. Leichter lesbar sind Buchstaben mit 3–4 mm Höhe. Die Buchstaben bzw. Zahlen sollen möglichst übersichtlich, leicht auffindbar und gut lesbar plaziert werden. (Als Negativbeispiel siehe Abb. 42, in der alle Zahlen außer der

Nummer 4 in schwarz wiedergegeben sind und die eine 7 sich nur mangelhaft von der Umgebung abhebt.) Ist der Untergrund ungeeignet, so kann man den betreffenden Buchstaben auf einen weißen/schwarzen Kreistupfen setzen (siehe Abb. 51 a).

Sowohl Vergrößerungsmaßstäbe als auch Bildnummern sollten auf einer Tafel immer in der gleichen Ecke der Einzelbilder zu finden sein. Heben sich Hinweislinien oder Buchstaben nicht genügend vom Hintergrund ab, so kann man eine Kontrastlinie bzw. einen konträr gefärbten Buchstaben geringfügig versetzt unterlegen (Abb. 51 b). Dabei sollte man – wenn möglich – den Schlagschatten auf derselben Seite anbringen.

Die Anreibebuchstaben werden immer auf Folien und mit einem zweiten besonders präparierten Blatt geliefert. Dieses Blatt dient dazu, das Verkleben der Buchstaben von Folie zu Folie zu verhindern. Das Prinzip der Anreibebuchstaben besteht darin, daß diese von zwei Seiten haften und durch festes Andrücken auf eine möglichst glatte und fettfreie Unterlage auf dieser kleben bleiben.

Das Anreiben erfolgt, indem man die Buchstaben tragende Folie auf die betreffende Bildstelle legt und mehrmals mit einem runden Gegenstand (Bleistiftkopf, Kugelschreiberhülle oder einem sog. «Anreibelöffel» = leichtgebogener Metallgriffel) darüberstreicht. Danach zieht man die Trägerfolie vorsichtig ab und drückt den Buchstaben noch einmal an, am besten in dem man das Isolierblatt darüberlegt. Damit die Buchstaben eines Wortes auch in einer Ebene stehen, zieht man sich rechts und links von der Tafel eine Hilfslinie, auf die man die zwischen den Buchstaben befindliche Zeile der Folie aufsetzt. Bei der Verwendung von Anreibebuchstaben sollte man die fertige Tafel mit einem Blatt Transparentpapier abdecken, damit nichts mehr verschoben oder abgerieben werden kann.

Braucht man mehrere Exemplare von einer Bildtafel, so lohnt es sich, nur eine Tafel fertigzustellen, diese zu fotografieren und fotomechanisch zu vervielfältigen; dies hat neben der Arbeits- und Buchstabenersparnis den Vorteil, daß von der Beschriftung nichts mehr verloren gehen kann.

Schwankt der Vergrößerungsmaßstab stark bzw. ist für den Außenstehenden der Ursprung des Insets oder der nächsten Vergrößerung nicht erkennbar, so kann man die betreffende Region einrahmen (ähnlich wie Abb. 49) und die zugehörigen Bildteile durch einen Strich miteinander verbinden. Ist der Vergrößerungsmaßstab relativ einheitlich, so spart man Zeit und Buchstaben, indem man nur unterschiedlich lange Striche anbringt und im Abbildungstext etwa vermerkt: «Strichlänge je 1 µm». Als Abbildungstext für die Abbildung 51 wäre etwa zu schreiben: Strukturen des Filterapparates der Larve vom Gyrinus sub. von der Innenseite der Mundhöhle gesehen. Bild a und b zeigen das ventral liegende Lamellensystem. Die Lamellen tragen auf ihrer Oberseite kleine Zapfen (Z) und sind, wie im elektronenmikroskopischen Schnittbild (e) zu erkennen ist, unterschiedlich breit. Gleichförmig breite Lamellen wechseln mit bauchigen Abschnitten neben- und nacheinander regelmäßig ab. Im Innern besitzen sie einen lockeren Cuticularanteil (Cu), während sie an der Oberfläche elektronendicht sind. Bild c und d zeigen den dorsalen Filterteil, der aus einem Borstenfeld (B) besteht, vor dem ein Kranz von großen Fiederborsten (FB) angeordnet ist. Lbr = Clypeolabrum, Mk = Mandibelkanal, und Pl = Basis des Palpus labialis. Maßstäbe: a 50 µm, b 20 µm, c 50 µm, d 20 µm, e 1 µm; Inset 2 µm.

C. Von der Zeichnung zur gedruckten Abbildung

Ein Bild, das in einem Buch oder einer Zeitschrift veröffentlicht werden soll, muß möglichst schnell und billig vervielfältigt werden können. Dies erreicht man am einfachsten durch das wiederholte Abdrucken eines gefärbten «Vor»-bildes, das die Druckfarbe überträgt und als Druckstock bezeichnet wird.

Im folgenden werden die verschiedenen Drucktechniken einschließlich der Klischeeherstellung kurz dargestellt, um den potentiellen Autoren eine Vorstellung davon zu vermitteln, welche Anforderungen an die Vorlage einer Abbildung gestellt werden, bzw. welche Druckverfahren für ihre Vorlagen geeignet sind und weiter, welche Möglichkeiten für Korrekturen bei den verschiedenen Druckverfahren bestehen. Dabei wird die Notwendigkeit deutlich, sich schon vor der Ausführung von Zeichnungen über die späteren Vervielfältigungsmöglichkeiten zu informieren und danach die Entscheidung zu treffen.

1. Das älteste Vervielfältigungsverfahren ist der sog. **Hochdruck,** der von Johannes Gutenberg entwickelt und zunächst für Buchstaben angewendet wurde. Beim Hochdruck werden alle auf einer Metallplatte oder auf einem Druckstock hervorragenden Teile mit einer dickflüssigen Farbe überzogen und anschließend auf ein Papier gepreßt, d.h. gedruckt. Beim Druck von Abbildungen besteht die Druckvorlage (= Klischee) meist aus einer 1,5 bis 2 mm dünnen Zinkplatte (selten Kupfer), auf die die ursprüngliche Zeichnung fotografisch übertragen wurde. Es gibt zwei Herstellungsverfahren für Klischees, die Strichätzung und die Autotypie.

a) Die *Strichätzung* ist nur bei reinen Schwarzweißzeichnungen mit Tusche in Strich- bzw. Punktiertechnik anwendbar. Die Klischees dazu werden wie folgt hergestellt:

Von der Originalzeichnung wird ein fotografisches Negativ in der Größe der definitiven Abbildung angefertigt.

Die Figur auf dem Negativ wird auf eine Metallplatte übertragen. Dazu wird eine völlig ebene und entfettete Metallplatte in einer Schleuder gleichmäßig mit einer Kopierschicht überzogen.

Das Negativ wird auf die beschichtete Platte gelegt und mit einer Lichtquelle bestrahlt. An den lichttransparenten Stellen des Negativs dringt das Licht auf die Schicht der Metallplatte und härtet diese, so daß sie festklebt und säureunlöslich wird.

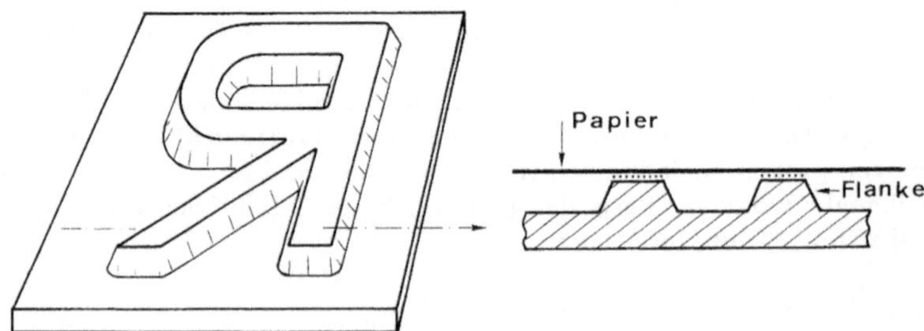

Abb. 52: Vergrößertes Klischee von einem Buchstaben, daneben ein Schnittbild. Die Farbe für den Druck ist durch Punkte angedeutet.

Bei der nachfolgenden Entwicklung der Platte lösen sich die unbelichteten Teile der Kopierschicht auf. Die freien Metallflächen wurden früher in mehreren Arbeitsgängen eingeätzt, d.h. chemisch vertieft, heute genügt ein Arbeitsgang. Die das Metall auflösenden Säuren enthalten einen sog. Flankenschutz beigemischt. (Der hohe Anfall von Säuren und Metallen in den Abwässern kann – bei einprozentiger Kostensteigerung – durch nachgeschaltete Neutralisierung bzw. Ausflockung der Metalle reduziert werden.) Die nicht von der Säure angegriffenen und deshalb herausragenden Teile der Metallplatte dienen zum Druck (siehe Abb. 52).

Abb. 53: a und b Unterschiede zwischen zwei Klischeearten und deren Auswirkungen für eine identische Vorlage beim Druck. Das Klischee bei a ist nach dem Strichätzungsverfahren und das Klischee bei b nach dem Halbtonverfahren hergestellt worden. In der Originalzeichnung war die linke Hälfte des Schmetterlings in Bleistift und die rechte in Tusche gezeichnet worden (Original von Ingrid Schuster). Es ist gut zu erkennen, daß die linke Hälfte der Schmetterlingszeichnung in der Halbtontechnik einwandfrei zu sehen ist, während sie bei der Strichätzung fast verloren geht. Die rechte Schmetterlingshälfte wird im Halbtonverfahren zu fett, mit der Strichätzung normal. Dies liegt daran, daß das Klischee und der Druck in a optimal auf die Strichätzung und in b optimal auf die Halbtontechnik eingestellt sind.

b) Bei der *Autotypie* können im Gegensatz zur Strichätzung auch Graustufen wiedergegeben werden. Dies erreicht man, indem bei der Herstellung des fotografischen Negativs feine Raster vor dem Film befestigt werden. Diese Raster bestehen aus stabilen
Kunststoffolien, die ein sehr feines Gitter enthalten, durch das das Bild in viele Punkte
zerlegt wird. Je nach Papierqualität und erwünschter Bildqualität verwendet man Raster mit wenigen (25 Punkte pro mm², z.B. beim Zeitungsdruck) bis vielen Punkten (bis
zu 80/mm², z.B. bei wertvollen Fotografien auf Kunstdruckpapier). Je feiner und zahlreicher die Punkte sind, desto schärfer und nuancenreicher ist das Bild. Man vergleiche
einmal ein Zeitungsbild mit einem Halbtonbild (60iger Raster) in diesem Buch unter
einer starken Lupe, ebenso die Abb. 53a mit 53b. Dieses Verfahren, mit dem man auch
Zwischentöne zwischen rein schwarz und weiß drucken kann, wird deshalb als Halbtonverfahren bezeichnet. Es eignet sich für Bleistiftzeichnungen, Aquarelle, Fotografien
u.ä. Die Klischeeherstellung gleicht bis auf die Zwischenschaltung des Rasters dem
Verfahren bei der Strichätzung. Durch fototechnische Nachbearbeitung (= teure Fach-
arbeit!) lassen sich am Negativ erwünschte Vertiefungen oder Aufhellungen der Graustufen durch Punkterweiterung bzw. -verkleinerung erreichen.

Bei *farbigen* Bildern müssen vom Original drei einzelne Klischees (für die Farben
gelb, blau u. rot) hergestellt werden. Dazu wird das farbige Original dreimal abfotografiert und jeweils durch Zwischenschaltung komplementärer Farbfolien die andersfarbi-
gen Bildanteile weggefiltert. Als Vorlagen können sowohl Farbzeichnungen (z.B. Farbbild 3, S. 29) als auch Dias dienen. In modernen Klischeeanstalten werden die Dias in
einem sog. Scanner nach Wellenlängen getrennt, zeilenförmig elektronisch abgetastet
und danach auf ein Negativ übertragen. Dabei sind Verkleinerungen bis ¹/₃ und bis zu
20fache Vergrößerungen möglich. Alle Klischees von vielfarbigen Vorlagen werden
gerastert (60 bis 120 Bildpunkte/mm²). Durch den Scanner können Negative elektronisch in der Farbtiefe korrigiert werden.

Beim sog. *Vierfarbendruck* kommt zu den Farbklischees noch ein viertes Klischee für
den Schwarzanteil des Bildes. Dieses Klischee trägt zur Farbverdunklung und zur Verdeutlichung der Konturen bei. Alle Zwischenfarben werden durch die Mischung aus
den Grundfarben gewonnen. Vergrößert man z.B. einen orangefarbenen Bildteil von
Farbbild 3, S. 29) mit der Lupe, so erkennt man, daß die scheinbar homogene Farbfläche aus vielen, unterschiedlich breiten, gelben und roten Punkten besteht. Die Breite
der Punkte bestimmt dabei den sog. Gelb- bzw. Rotanteil. Farbdrucke sind deshalb so
teuer, weil sie nicht nur 4 Klischees erfordern, sondern weil jede Farbe getrennt gedruckt werden muß. Dabei ist besondere Aufmerksamkeit nötig, weil geringste Ver-
schiebungen der einzelnen Klischees gegenüber den anderen Druckfarben zu einfarbi-
gen Bildrändern (Billigdrucke!) oder/und zu bildfremden Farben führen. Ein einzelnes
Klischee im DIN A7-Format kostet gegenwärtig (1982) etwa 45,–DM. Zinkklischees
zeigen nach 50000 Drucken Abnutzungserscheinungen, Kupferklischees erst nach
150000 Druckgängen.

Noch vor wenigen Jahren wurde die große Mehrzahl der Bücher im Hochdruckver-
fahren gefertigt. Etwa seit 1975 nimmt der Anteil anderer Druckverfahren rapide zu
(siehe Abb. 54).

Hinweis für die Praxis: Für mehrfarbige (= bunte) Abbildungen muß man als Autor
eine bunte Vorlage liefern. Bei Schwarzweißzeichnungen mit ein oder zwei zusätz-
lichen, homogenen Farben (z.B. Farbbild 5, S. 30) braucht man keine farbigen Vorlagen herzustellen. Es genügt und ist technisch einfacher, wenn man zwei getrennte
Schwarzweißzeichnungen abliefert und zwar eine Zeichnung für den Schwarzanteil und

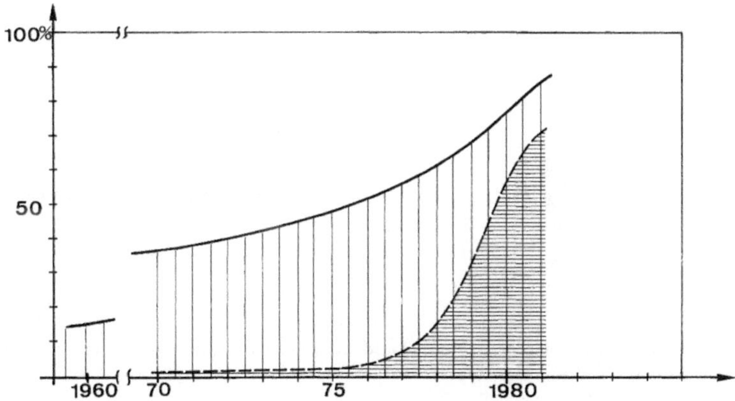

Abb. 54: Die Grafik zeigt den Anteil des Offsetdrucks gegenüber dem Hochdruck. Während 1960 im Buchdruck fast ausschließlich der Hochdruck verwendet wurde, ist er gegenwärtig auf wenige Prozentanteile gesunken. Die senkrecht schraffierte Fläche unter der durchgezogenen Linie zeigt den Anteil der Offsetdrucklithos in einer modernen Kunstanstalt (in Mainz). Die horizontal schraffierte Fläche unter der gestrichelten Linie bezieht sich auf den Anteil der Bücher, die im G. Fischer-Verlag nach dem Flachdruckverfahren gedruckt wurden.

eine 2. Zeichnung für eine Farbe (falls zwei verschiedene Farben vorkommen, dann ist noch eine 3. Zeichnung für die 2. Farbe erforderlich). Die gewünschte Farbe (Normen beachten) gibt man als Nummer nach einem Katalog oder als Farbton an. Die Farbe kann auf einem Druckbogen (das sind je nach Seitenformat 16 bis 32 Buchseiten) nicht verändert werden. Der Vorteil der Schwarzweißvorlagen für die Klischeeherstellung liegt darin, daß das Fotografieren der getrennten Vorlagen wesentlich einfacher ist, weil andersfarbige Bildanteile nicht mühsam ausgeblendet oder weggefiltert werden müssen. Das Farbbild 5 bestand aus zwei Zeichnungen, einer für die schwarzen Linien und einer für die gelben Linien, beide in schwarzweiß.

2. Für den **Tiefdruck** wird der Druckstock, er entspricht dem Klischee des Hochdrucks, vom Autor selbst bearbeitet. Es gibt keine Vorlage und kein Zwischenmedium, da der Autor die künftige Druckplatte eigenhändig gestaltet. Als Arbeitsmaterial dienen Stahl- und Kupferplatten oder Steinplatten, in die der Künstler sein Bild hineinritzt, -ätzt, -fräst usw.

Das Besondere des Tiefdrucks besteht darin, daß nicht mit den erhabenen Teilen des Bildes gedruckt wird, sondern mit der in den Vertiefungen sitzenden Farbe. Dazu wird die gesamte Oberfläche des Druckstockes mit Farbe überzogen (eingewalzt) und danach die Oberfläche mit einer sog. Rakel (= Stahllineal) wieder von der Farbe befreit. Nur die in den Rillen sitzende Farbe dient anschließend zum Druck. Dabei muß das zu bedruckende Papier sehr fest auf den Druckstock gepreßt werden, so daß sich außer der Farbe auch die Kanten des Druckstocks auf das Papier übertragen. Stahlstiche sind leicht an diesen Randknicken, den sog. Facetten, zu erkennen. Der Vorteil dieses Druckverfahrens liegt darin, daß auch auf relativ rauhem Papier scharfe Linien in ausreichender Farbintensität abgebildet werden können. Auch sind mehr Abdrucke als von einem Hochdruckklischee möglich. Die Farbintensität läßt sich durch die Tiefe der Gravuren auf dem Druckstock beeinflussen (siehe Abb. 55).

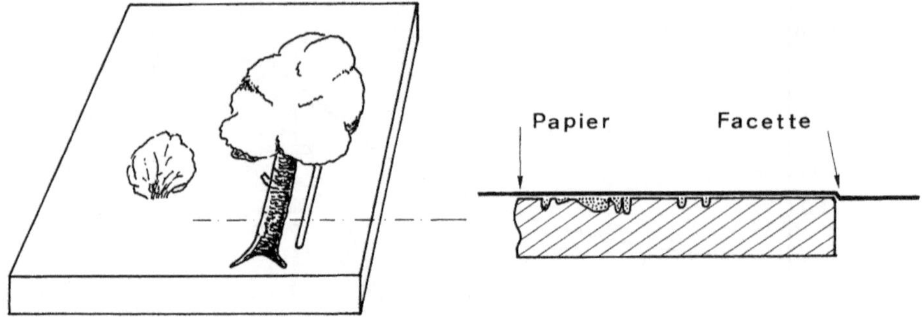

Abb. 55: Schematisiertes Beispiel für ein Tiefdruckklischee, daneben ein vergrößerter Querschnitt. Druckfarbe in Punkten angedeutet.

Die Nachteile des Verfahrens sind:

Der Druckstock wird direkt bearbeitet, jede Linie ist endgültig und unkorrigierbar.

Das Bild erscheint nach dem Druck seitenverkehrt (dies erklärt manche «linkische» Szene auf Stahlstichen).

Wegen der erforderlichen Sicherheit im Umgang mit dem Material und der Darstellungsfähigkeit wird diese Druckart überwiegend von Künstlern genutzt.

Neuerdings ist es möglich, durch lichtsensible Schichten auf den Metallplatten, ähnlich wie beim Hochdruck, ein Tiefdruckklischee von einer Vorlage herzustellen.

3. Beim **Flachdruck** verwendet man eine völlig ebene Platte. Die gewünschte punktuelle Farbhaftung bzw. Nichthaftung wird durch chemische oder physikalische (s. u.) Unterschiede erreicht. Fetthaltige (bzw. fettfreie) Zonen z. B. einer Steinoberfläche stoßen (bzw. binden) wasserhaltige Druckfarben ab (Lithographie). Weitere Flachdruckverfahren sind der Licht- und der Offsetdruck.

Beim *Lichtdruck* (= Collotypie) benutzt man eine Filmschicht, die nach der Belichtung mit dem Original eine unterschiedliche Quellung und damit Farbhaftung aufweist. Der Lichtdruck liefert die originalgetreuesten Bilder, allerdings nur mit sehr geringer Auflage (maximal 1200 Drucke pro «Platte», Kunstdrucke!).

Ein echter Lichtdruck ist auch für Außenstehende leicht von der Autotypie (Hochdruck) unterscheidbar, wenn man beide bei starker Vergrößerung (10–100fach) betrachtet: Beim Lichtdruck sieht man in der Vergrößerung eine feine, aber unregelmäßige Körnelung des Bildes (das sog. Filmkorn), während das Autotypiebild aus regelmäßigen und eckigen Tupfen (des Rasters) aufgebaut ist.

Eine Spezialform des Flachdrucks ist der sog. *Offsetdruck,* der sich von der Lithographie ableitet. Statt eines schweren Steines wird eine dünne Zinkplatte oder Stahlplatte verwendet. Diese Platten lassen sich auf eine rotierende Trommel spannen. Im Rotationsverfahren erreicht man etwa fünfmal mehr Drucke pro Zeiteinheit als mit einer Druckpresse, die sich auf und ab bewegt. Der Name Offsetdruck leitet sich von einer Besonderheit des Druckverfahrens ab: Die Farbe wird nicht direkt vom Klischee auf das Papier übertragen, sondern erst auf eine Gummiwalze gesetzt (= offset) und von dieser aufs Papier gedrückt. Die Vorteile der zwischengeschalteten Gummiwalze liegen in der geringen Abnutzung des Originalklischees, der sehr hohen Auflage, und der durch den Rotationsdruck bedingten Schnelligkeit (Abb. 56).

84

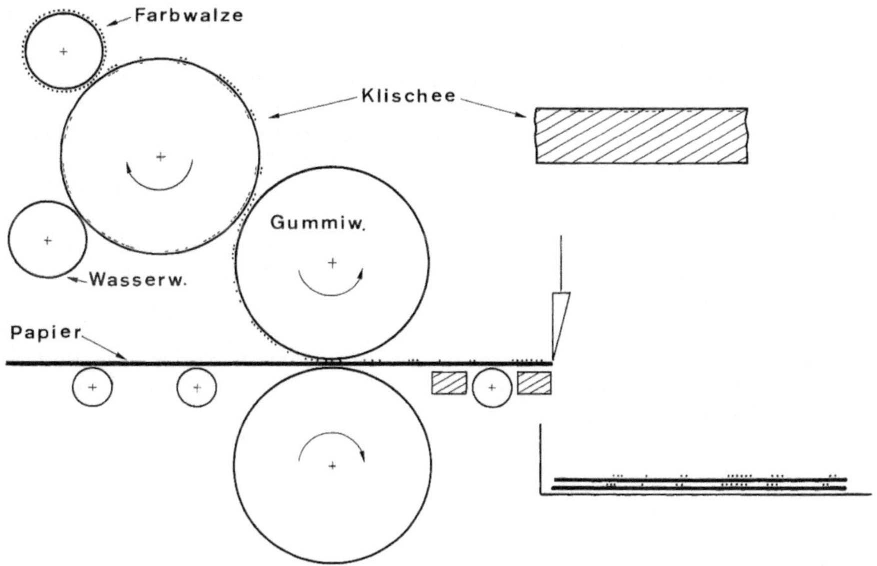

Abb. 56: Prinzip des Offsetdrucks. Das Klischee ist völlig eben und so dünn, daß es um eine Walze gespannt werden kann. Die chemisch bzw. physikalisch differenzierten Oberflächeneigenschaften des Klischees sind durch kurze Striche unter der Oberfläche angedeutet und die Druckfarbe durch Punkte dargestellt.

Die Filmherstellung beim Offsetdruck vollzieht sich über folgende Stufen:
Die Originalzeichnung bzw. -fotografie (in schwarz-weiß) wird mit einem Schwarzweißfilm abfotografiert und ein Negativ in der definitiven Abbildungsgröße entwickelt. Falls Halbtöne erwünscht sind, muß ein Raster zwischengeschaltet werden. Bei Farbbildern wird für jede Grundfarbe ein getrennter Film hergestellt (rot, gelb, blau und schwarz).

Mit dem Negativ fertigt man eine ebenso große Positivfolie an. Negativ und Positiv können bezüglich Flecken, Graustufen usw. korrigiert werden.

Eine ebene Metallplatte (etwa 1 mm stark), die mit einer ultraviolett empfindlichen Schicht überzogen ist, wird durch das Positiv hindurch mit UV-Licht bestrahlt. Der Vorgang entspricht der Belichtung eines Umkehrfilms. Um eine präzise Belichtung zu erreichen, muß das Positiv ganz dicht auf der Platte aufliegen. Dazu legt man das Positiv unter die Glasplatte eines Vakuumtisches.

Es folgt die Entwicklung der Platte, die im Prinzip einer Filmentwicklung gleicht. Bei industrieller Bearbeitung dauert dieser Vorgang nur 1–2 Minuten. Die Platte durchläuft dabei dicht hintereinanderliegende Bäder. Das Ergebnis ist eine völlig ebene Metallplatte, deren Oberfläche selektiv – je nach Belichtung – Farbe bindet oder abstößt.

Druck- und Herstellungskosten für ein Klischee lassen sich reduzieren, wenn man nicht für jede kleine Abbildung ein getrenntes Klischee verwendet, sondern mehrere Figuren zu einer Abbildung bzw. Tafel zusammenstellt oder auf einem Blatt einschließlich Text anordnet. Zu diesem Zweck werden vom Komposer (Facharbeiter) mehrere Filmnegative einschließlich Text zu einer Tafel angeordnet und von dieser ganzen Tafel ein Positivfilm in Originalgröße gemacht. Das eigentliche Klischee wird zuletzt von der ganzen Positivvorlage hergestellt.

Der Offsetdruck eignet sich wegen seiner gleichmäßigen Farbgebung für alle großflächigen Drucke, in der Vergangenheit besonders Plakate u. ä. Neuerdings ist er auch für kleine Abbildungen und geringere Auflagen rentabel geworden. Er stellt nur geringe Ansprüche an die Papierqualität. Nachteilig ist, daß an der Platte keinerlei Korrekturen durchgeführt werden können; deshalb sind hierfür besonders saubere und technisch fehlerfreie Originale erforderlich.

Ein großer Teil der heute üblichen *Kopierautomaten* arbeitet ebenfalls nach dem Flachdruckverfahren. Dabei wird die Information von der Vorlage auf eine lichtempfindliche Trommel übernommen. An dieser haftet die Farbe (Kohlepulver) nicht wegen einer chemischen Präparation, sondern aufgrund physikalischer Anziehung. Das Bildmuster entsteht durch die unterschiedliche Ladung der Oberfläche (je nach Vorlage). Die «Farbe» wird auf ein Papier abgedrückt und anschließend durch eine stark erhitzte Trommel an das Papier fixiert.

Literatur

Bělař, K.: Zeichentechnik. In: Methodik der wissenschaftlichen Biologie (T. Péterfi, Ed.), 2. Band: Allgemeine Physiologie, 480–501. Berlin 1928

Bethke, E. G.: Basic drawing for biology students. Springfield, Ill. 1969

Buck, F. D.: Black and white entomological drawings for reproduction. Proc. Trans. S. Lond. Ent. Nat. Hist. Soc., London 1954/55

Collan, Y. u. H. Collan: Interpretation of serial sections. Z. wiss. Mikr. 70, 156–167 (1970)

Croy, P.: Graphik, Form und Technik. Göttingen, Frankfurt, Zürich 1975

Dunn, R. F.: Graphic three-dimensional representations from serial sections. J. Microsc. 96, 301–307 (1972)

Elias, H. (Ed.): Stereology. Proceedings of the second international congress for stereology, Chicago 1967. Berlin 1967

Honomichl, K.: Beitrag zur Morphologie des Kopfes der Imago von Gyrinus substriatus Stephens, 1829 (Coleoptera, Insecta). Zool. Jb. Anat. 94, 218–295 (1975)

Hoschek, J. u. G. Spreitzer: Aufgaben zur darstellenden Geometrie. Mannheim, Wien, Zürich 1974

Jordan, E. G. u. A. M. Saunders: The presentation of three-dimensional reconstructions from serial sections. J. Microsc. 107, 205–212 (1976)

Koschatzky, W.: Die Kunst der Zeichnung. Technik, Geschichte, Meisterwerke. München 1981

Kraus, O.: Eine wenig bekannte Technik des wissenschaftlichen Zeichnens. Natur und Museum 98, 155–160 (1968)

Krejca, A.: Die Techniken der graphischen Kunst. Hanau 1980

Kuhl, W.: Das wissenschaftliche Zeichnen in der Biologie und Medizin. Frankfurt/M. 1949

Lebedkin, S.: Zur Technik der graphischen Rekonstruktion: «Projektionsrekonstruktionen» und «Stereoskopische Rekonstruktionen». Z. wiss. Mikr. 43, 1–86 (1926)

Peter, K.: Rekonstruktionsmethoden. In: Handbuch der biologischen Arbeitsmethoden (E. Abderhalden, Ed.) Abt. 9, 327–364 (1922)

Pusey, H. K.: Methods of reconstruction from microscopic sections. J. R. Microsc. Soc. 59, 232–244 (1939)

Rehbock, F.: Geometrische Perspektive. Berlin, Heidelberg, New York 1980

Schaarwächter, G.: Perspektive für Architekten. Stuttgart 1967

Strubecker, K.: Vorlesungen über Darstellende Geometrie. Göttingen 1967

Wohlfahrt, Th. A.: Die naturwissenschaftliche Abbildung (Ihr Wesen, ihre Bedeutung, ihre Aufgabe). Neue Ergebn. Probl. Zool. (Klatt-Festschrift). S. 1114–1120. Leipzig 1950.

Wohlfahrt, Th. A.: Die Bedeutung der Handzeichnung für Biologen. Mitt. Verb. dtsch. Biol. 197 (Beilage zu: Nat. Rundschau 27), 951–952 (1974)

Wunderlich, W.: Darstellende Geometrie I und II. Mannheim 1966 u. 1967

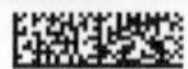

Stichwortverzeichnis

Die **halbfett** gedruckten Zahlen verweisen auf Seiten mit Abbildungen.